场景设计与数字绘画

CHANGJING SHEJI YU SHUZI HUIHUA

潘 俊 编著

课书房
新/形/态/教/材

高等院校设计类专业新形态系列教材
GAODENG YUANXIAO SHEJILEI ZHUANYE
XINXINGTAI XILIE JIAOCAI

重庆大学出版社

图书在版编目（CIP）数据

场景设计与数字绘画 / 潘俊编著. -- 重庆：重庆
大学出版社，2023.10
高等院校设计类专业新形态系列教材
ISBN 978-7-5689-4125-9

Ⅰ. ①场⋯ Ⅱ. ①潘⋯ Ⅲ. ①图像处理软件—高等学
校—教材 Ⅳ. ①TP391.413

中国国家版本馆CIP数据核字（2023）第152882号

高等院校设计类专业新形态系列教材
场景设计与数字绘画
CHANGJING SHEJI YU SHUZI HUIHUA

潘 俊 编著
策划编辑：周 晓 席远航 蹇 佳
责任编辑：周 晓 装帧设计：张 毅
责任校对：邹 忌 责任印制：赵 晟

重庆大学出版社出版发行
出版人：陈晓阳
社 址：重庆市沙坪坝区大学城西路21号
邮 编：401331
电 话：（023）88617190 88617185（中小学）
传 真：（023）88617186 88617166
网 址：http://www.cqup.com.cn
邮 箱：fxk@cqup.com.cn（营销中心）
全国新华书店经销
重庆亘鑫印务有限公司印刷

开本：787mm×1092mm 1/16 印张：5.5 字数：107千
2023年10月第1版 2023年10月第1次印刷
印数：1—3000
ISBN 978-7-5689-4125-9 定价：48.00元

— 前言
FOREWORD

党的二十大报告提出"深入实施人才强国战略，培养造就大批德才兼备的高素质人才"。围绕这个工作重心，作为教育工作者，我们始终要把人才培养与科学技术紧密结合，适应时代需求，着力推动国家高质量发展；我们始终要与科技发展同步，把最新的数字技术手段运用到教育教学中，这也是编撰本书的初衷。

随着数字虚拟人、动作捕捉、虚拟引擎等新技术的广泛运用，动画作品带给人更强烈的沉浸感，给人以新的审美体验和文化想象，这也给中国动画的时代化表达创造了新的可能，而场景则是在动画、动漫和游戏中不可缺少的组成部分。场景通常指的是动漫、游戏中出现的建筑物、戏剧空间、自然景观、生活道具等各种元素构成的环境。而数字绘画成为当下常用的快捷呈现方式和表达创意想法的重要途径。相对于传统的手绘而言，在制作技巧、画面肌理和视觉效果等方面都有显著优势。

本书从专业和行业需求出发，注重将纸质教材的理论与线上创作示范相结合，侧重培养学生的艺术创作实践能力和数字软件运用的实操能力。学生通过阅读本教材和观看案例示范视频，能够掌握数字绘画和场景造型的基础知识，熟练运用绘图软件，通过实践着重培养数字绘画中透视、光影及空间创意的审美表现能力。书中的实践案例和数字绘画的优秀作品，能让学生全面了解数字绘画的流程和场景创作方法，实现创作规律和实践环节的无缝对接。

作者总结了多年以来的教学经验，根据学生的学习能力和习惯等具体情况，注重学生在造型基础和数字表现方面能力的提升，为后期的动画设定和游戏原画制作打好坚实的基础。特别是有针对性地选取了初次接触数字绘画的学生的优秀作品，使得本书具有很强的实践指导意义。

编著者

2022 年 11 月于武汉南湖畔

目录
CONTENTS

场景空间透视结构基础

场景设计的概念及透视基础

结构分析

场景材质与肌理

空间结构表现

1.1 场景设计的概念及透视基础

1.1.1 场景设计的概念

在互联网时代飞速发展的背景之下，近些年来，全世界的文化市场上不断涌现出了大量引人注目、制作精良的网络游戏作品、网络动画作品、现实与虚拟偶像包装以及科幻题材影视剧等。随着人们对文化作品审美要求的不断提高，开发者们对世界观的呈现越来越向着视觉化方向发展。而在画面的表现方式中，以数字绘画为载体，创意思维与个性化风格成为场景设计的核心要素。

场景设计通常指的是设计动漫、游戏中出现的建筑物、打斗空间、自然景观、生活道具等各种元素构成的环境。而数字绘画是以计算机视觉图像为最终呈现方式，相对于传统的手绘，它在制作技巧、画面肌理和视觉效果等方面都有显著的优势。

第一，自平板电脑绘画、手绘板等各种数字绘画工具普及之后，数字绘画的便捷性和高效性得以凸显，使得其在动漫、游戏等领域得到了广泛的应用。

第二，由于数字绘画拥有丰富艳丽的色彩和细腻的肌理，以及可以反复修改的特点，不仅弥补了传统手绘的短板，还可以创造出传统手绘无法达到的视觉效果，带来了数字媒体与传统手绘之间相互融合产生的一种新的艺术表现形式。

空间、时间、力量等概念的相应元素广泛应用于动画与游戏领域中，并往往具体表现在对场景造型的设计上。场景设计中，最重要的就是，场景设计是一种想象力十足的绘画，是作者天马行空、灵感迸发时头脑中想象的空间以及建构的故事，不以文字和语言表达，而是以一种视觉化的形式呈现出来。场景设计把我们所想的各种创意以及幻想的故事，以图像的形式呈现，使原来的创意更具有视觉冲击力、说服力，使观者产生共鸣后被作品传达的思想情感打动，这种表现力也是我们所说的优秀绘画能力。只有当情感的表达和创意的想象与这样的表现方式相融合，才能使你的创意更加出彩，更加绚丽夺目。想要达到这般水准，需要创作者具备以下基础素质。

①构图与造型的素养。把传统美术绘画教育里面所学到的素描造型能力、色彩造型能力以及构图等基础知识，使用数字绘画的表现形式，在场景设计中体现出来。

②光影氛围的想象力。在场景设计中，绘画作品主要体现的是具体情节和故事内容所呈现出来的"情节氛围"。在这个过程中，我们需要把观众置于我们设定的时间、空间、故事和情节之中，使得画面真正具有代入感与说服力。

③历史文化的修养。在众多游戏、动漫等场景创作中，大量优秀作品展现出不同时代、不同地域极强的文化特征。这些内容的传递与表现，皆来自创作者长期的知识积累，以及文化修养。

1.1.2　透视基础

在理解场景的空间时，很多情况下都需要具备透视图绘制能力。通常透视分为三种形式：

（1）一点透视

一点透视又称为平行透视，是生活中常见且常用的透视形式。根据消失点的不同位置，能观察到的面也不同。当消失点在物体外侧时，可看到两个面，在物体上方时能看到 3 个面，在物体内侧时只能看到 1 个面。如果物体正面是空的，则看到的是物体的内部结构。其最大特点是，不论什么物体都可以归纳概括在一个立方体或者多个立方体中，只要有一个面是与画面平行的，就可以利用一点透视来作画（图 1-1）。

空间透视基础

（2）两点透视

两点透视又称为成角透视，存在两个消失点。其特点是物体有一组垂直线与画面平行，其他两组线均与画面成一定角度，而每组有一个消失点，共有两个消失点，这就是两点透视。两点透视图画面效果比较自由、活泼，能比较真实地反映空间，可以反映建筑物的正侧两面，容易表现出体积感。另外，如果两点透视加上较强的明暗对比，物体体积感会更强（图 1-2）。

（3）三点透视

三点透视存在三个消失点，在实际生活中，因为人眼视觉范围受到限制，所看到的物体范围较小，不会有这么强烈的近宽远窄的透视关系。三点透视会让物体的体积感和空间感达到最好的表现效果，从而在二维的纸上画出三维的物体（图 1-3）。

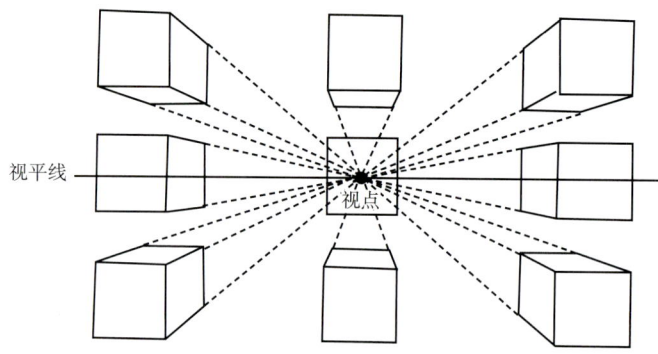

图 1-1　平行透视

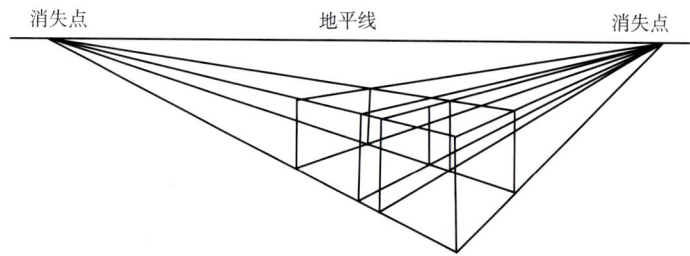

图 1-2　成角透视

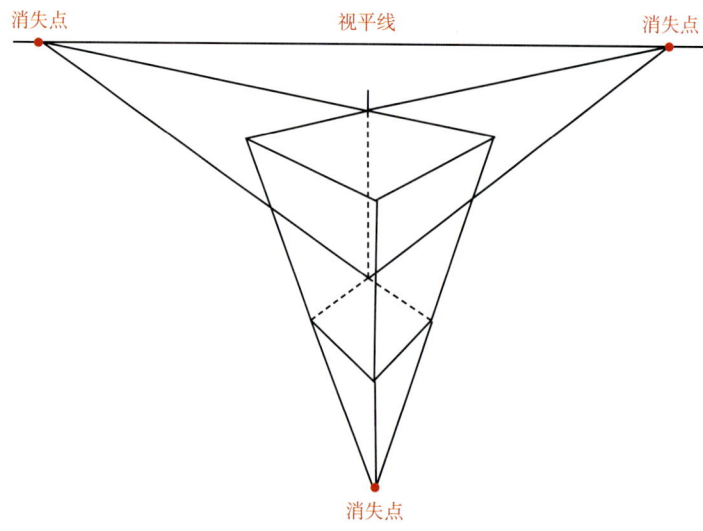

图 1-3　三点透视

1.2　结构分析

在场景设计中，无论是室内场景、室外场景、人文建筑或是自然景观，其中都可能涉及透视的结构问题，在设定透视与结构时，需要体现出创作者的理解和分析。下面的案例都展示了空间分布的俯视图和立体图像。

案例1：欧式风格住宅的结构分析

这是一个欧式风格的住宅，有多处开窗、阳台、老虎窗等。我们从平面布局上去仔细分析其结构：造型上总体是围绕中间主体建筑而展开的。那么我们可以规划好主题造型的透视，再进一步丰富每一层的造型和道具（图1-4—图1-8）。

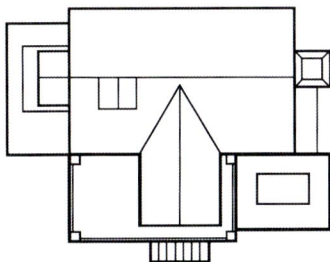

图1-4　平面图

图1-5　场景线稿图

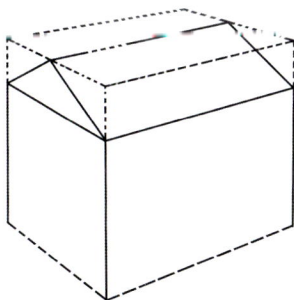

图1-6　对主体建筑坡屋顶进行透视处理

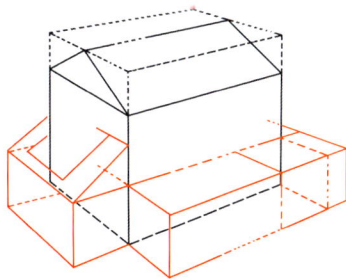

图1-7　在主体建筑的基础上拓展阳台、阳棚和一楼空间的透视

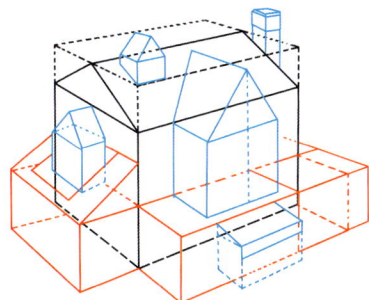

图1-8　对应平面布局进行门、窗的结构和透视处理

5

案例 2：教堂空间的结构分析

这是一个教堂空间，中间部分是典型的教堂穹顶结构。根据穹顶的结构特点，画出室内的平面布局图。可以看出，整个空间属于对称式布局，以中间雕塑为圆心展开。那么，我们在绘制时首先就要确定圆心的位置（图 1-9—图 1-12）。

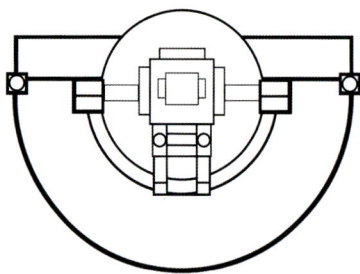

图 1-9　平面图

图 1-10　场景线稿图

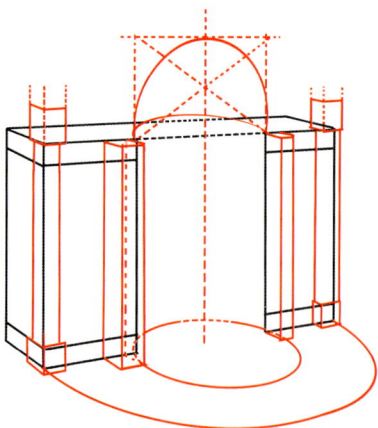

图 1-11　在圆形地面的基础上增加立柱，确定圆拱的透视和空间位置

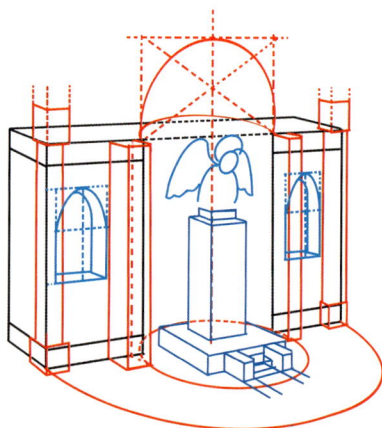

图 1-12　确定基座的定位以及嵌入式窗口的对称关系，保证造型结构的准确性和完整性

案例3：宫殿建筑的结构分析

这是一个宫殿建筑，涉及柱廊、楼梯、尖顶、坡屋顶等多种造型。我们通过平面图的分析，确定好造型的总体形态（图1-13—图1-17）。

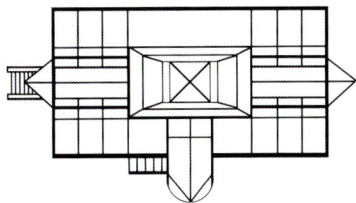

图 1-13　平面图

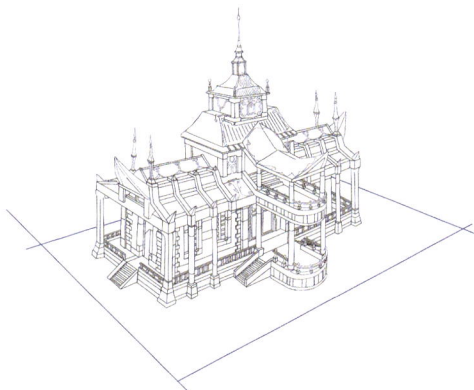

图 1-14　场景线稿图

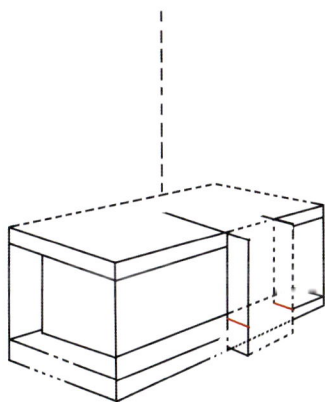

图 1-15　从宫殿建筑主体入手，找到整个造型的对称轴

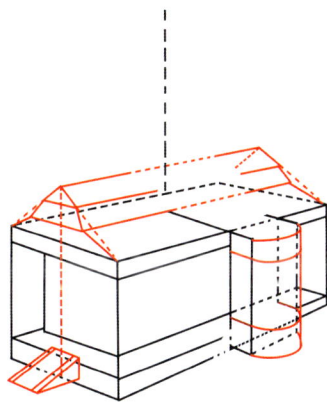

图 1-16　在主体建筑的基础上，确定坡屋顶的透视和其他形体的空间关系

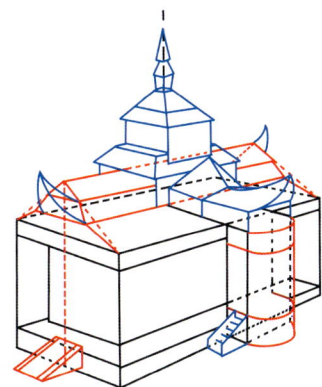

图 1-17　对应主体建筑的透视关系，确定宫殿顶部造型

7

案例 4：动漫魔幻造型的结构分析

这是一个动漫游戏场景中的魔幻造型，采用的是鸟类羽毛状的建筑造型。此类造型由于其不规则的特点，在表现时具有一定的难度。和前面案例一样，通过分析造型的平面图去寻找绘制方法。通过平面图我们发现这个造型的主体物是由"十"字形构成的。我们就从两个交叉的长方体开始，找到整体建筑的对称轴（图 1-18—图 1-22）。

图 1-18　平面图

图 1-19　场景线稿图

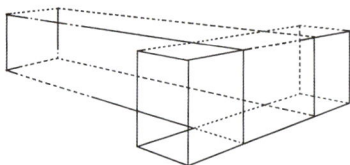

图 1-20　透视图

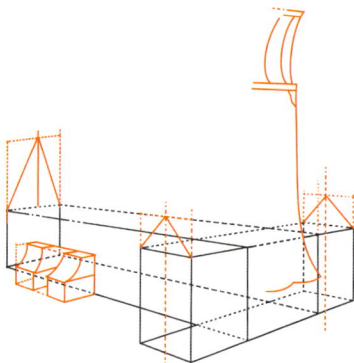

图 1-21　在透视图的基础上，以对称的方式补齐对应的形体

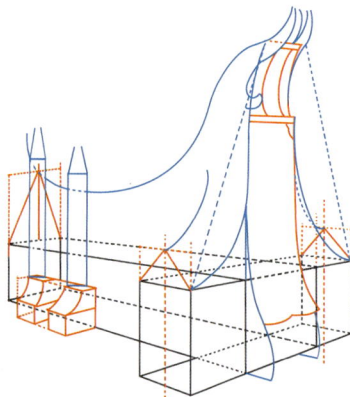

图 1-22　通过透视线找到流线型的最高点、中间点和结束点，再通过目测和造型的流线感把物体整体表现出来

通过以上的案例分析，要注意以下问题：场景空间的主体建筑是什么？由几个几何图形组成？在把握这个几何图形的组成形式基础上，要能理解这个物体在空间上的体积关系，以及主体建筑与其他建筑和配景之间的搭配关系，空间结构是否合理。那么，无论作品是以三维建模还是多角度的插画形式展现，我们都能清楚它的设计方法和空间策划，这样在后续制作中能准确表现出场景设计中的空间关系。

1.3　场景材质与肌理

在游戏、动画和漫画的场景设计中，材质与肌理是景物的重要部分。它体现的是故事发生的时间和地点等，所营造出的充满细节的环境特征，对作品具有强烈的代入感和氛围感。

例如，从动画片《恶童》的场景画面中，可以看到作者对材质和细节的展现，从贫民窟到游乐园，再到最后主人公梦想的海洋世界，该片从不同角度营造出细节和空间关系的氛围。在这些场景中，我们看到地面、废墟、贝壳以及锈迹斑斑的钢板等大量的材质与肌理的场景表现，非常符合故事的内容表现（图 1-23、图 1-24）。

图 1-23　动画片《恶童》场景

图 1-24　动画片《恶童》场景

材质与肌理的场景表现要注意以下能力的培养：

第一，画面的刻画和表现能力。首先从数字绘画单体质感的素材入手，然后再进一步锻炼设计能力、画面的细化能力和表现力。数字绘画的场景依托于创作初期的草稿和造型设计，肌理和材质的呈现是完成画面的重要一环。数字绘画中的场景，不同于传统绘画，数字绘画可以采用像素、笔刷效果以及叠加覆盖等各种数字功能来表现创作者的思路以及物体的细节质感。

第二，观察和组织的能力。注意观察事物的细节以及在不同光线下所呈现出来的质感，思考如何去组织设计画面上的内容和构图。在观察的同时，要养成用手机等设备积累绘画素材的习惯。

第三，把控画面整体布局的能力。营造画面的气氛和氛围，合理安排画面的素描关系、光影效果以及视觉中心等内容，当好设计画面的导演。

第四，致广大而尽精微。既从宏大的场景中着眼，又能深入到细微之处。将积累的设计单体质感效果巧妙地带入相应的画面中时，注意加大画面的尺幅，这样可以弥补画面中的缺陷或不足。

素描练习是场景肌理与材质表现的重要训练方式。对于金属、木头、玻璃、塑料、麻布、机械、宝石等各种材质，要仔细地观察其特点，反复练习，这样才能为场景设计打下坚实的基础。

图 1-25 多种材质表现

图 1-26 石头材质表现

图 1-27 山石材质表现

1.4 空间结构表现

我们从民居建筑、宫殿建筑、室内空间、幻想建筑等四种空间结构着手，通过一系列练习，加强对空间结构的认知。

1.4.1 民居建筑空间表现

首先，在 Photoshop 软件中，运用画笔工具绘制（图 1-28）。

在绘制过程中，先用手绘笔点击画面上线条的起点，接下来按住 Shift 键，再点击线条的终点就可以完成直线的绘制。如果是按住 Shift 键不动，直接画线条——垂线或水平线。

为了保证将画面细节表现出来，我们在设置工程项目时，尽可能使用较大分辨率。否则，画到后面就只能是马赛克效果，没有细部线条（图 1-29）。

图 1-28

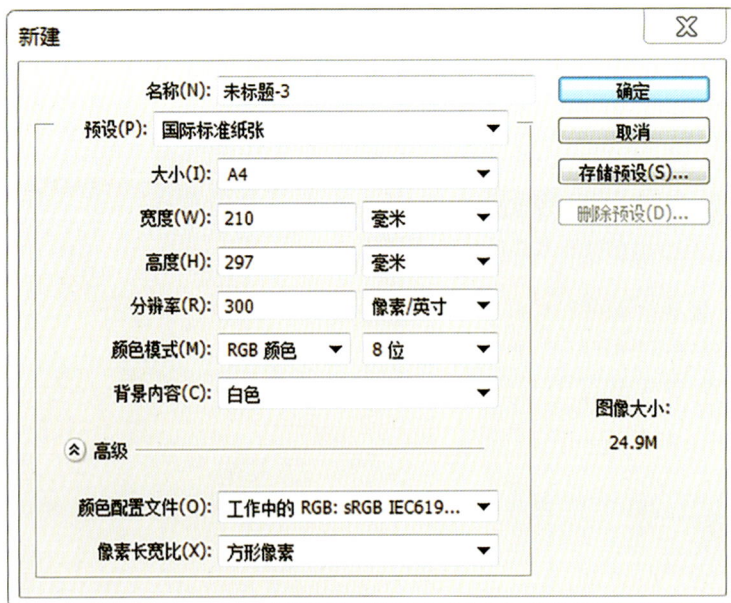

图 1-29

第 1 步，我们从核心部分长方体开始入手，这样有助于准确把握整个造型的透视关系，在此基础上再进一步拓展细节。注意在准确性、视觉效果和绘画效率上达到平衡（图 1-30）。

第 2 步，根据已经绘制的透视线条，确定好大框架的位置，再拓展出其他的形体，如一楼的遮阳棚、外轮廓的立柱等，这些物体的定位对后期的绘制起到重要作用（图 1-31）。

第 3 步，建筑上的开窗是欧式住宅的重要造型特色，俗称"老虎窗"。我们在绘制这种窗户的时候，注意斜瓦面的透视变化，要掌握对称点的绘制方式，这样有利于定位对称顶点的位置，避免造成屋顶向一边倾斜（图 1-32）。

第 4 步，按照对称点绘制建筑左侧面开窗和右侧面一层房顶的坡面结构。需要注意的是左侧开窗与下方一层房顶存在镶嵌关系，且右侧一层在原有的框架结构上，需按照透视再延伸出一个坡面房檐结构（图 1-33）。

第 5 步，根据建筑主体的框架，绘制建筑底面实际占地面积的透视结构。须依照上层坡面房顶中线位置，准确定位底部面积中线（图 1-34）。

第 6 步，在完成上一步骤的建筑框架搭建后，将设计好的建筑草图填充上去，并绘制设计细节（图 1-35）。

第 7 步，进行最后的勾线。先勾画朝向右侧的开窗细节和窗檐，再勾画左侧下层的拱门和位于建筑后方的烟囱。注意将建筑的不同材质按照其自身特点区分开来（图 1-36）。

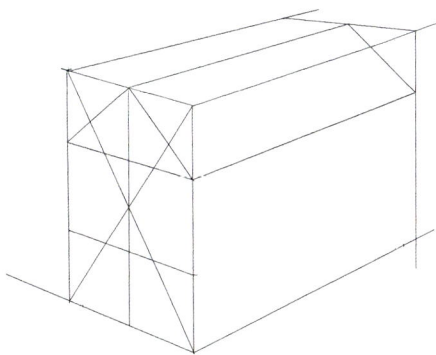

图 1-30

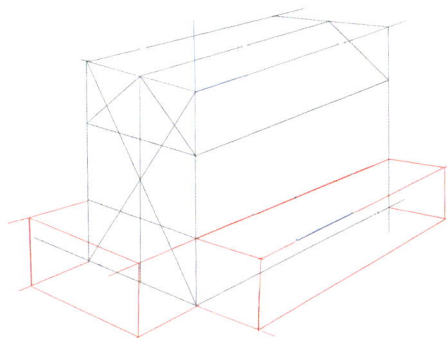

图 1-31

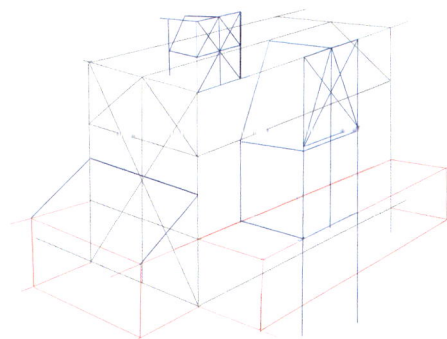

图 1-32

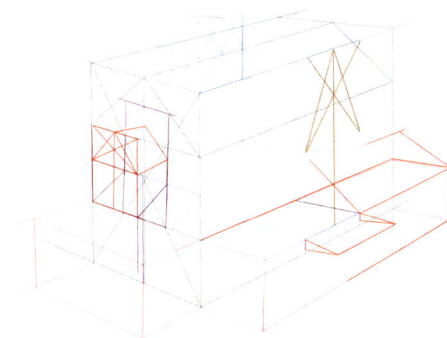

图 1-33

民居斜屋顶
画法

民居室外空间
练习

第8步，勾画主体建筑二层结构细节和坡屋顶。注意对结构材质的肌理简单表现一下，便于后续完成画面时更顺利（图1-37）。

第9步，对建筑上层部分的结构进行描绘，包括房檐和瓦片形状，开窗的全部细节，以及露天阳台和护栏等（图1-38）。

第10步，绘制一层的建筑细节（图1-39）。

第11步，添加地面摆放物件，丰富场景设计的细节（图1-40）。

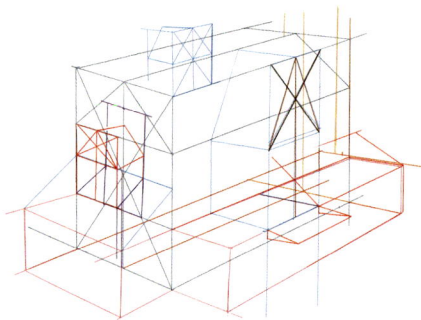

图 1-34

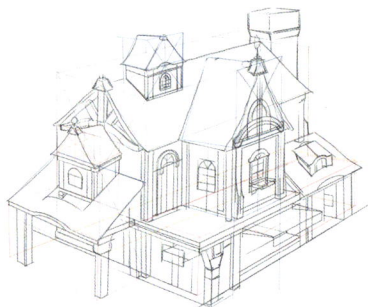

图 1-35

图 1-36

图 1-37

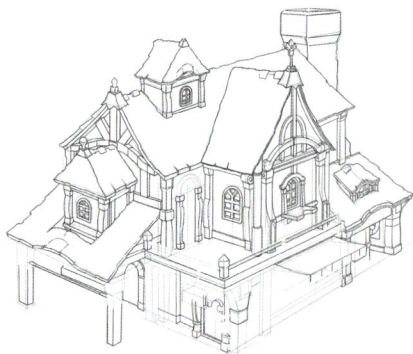

图 1-38

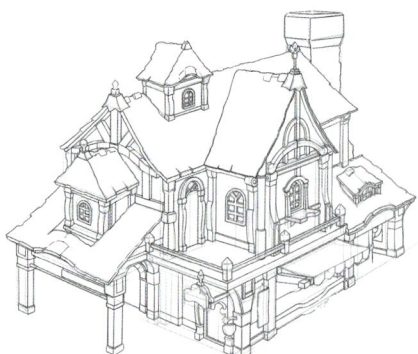

图 1-39

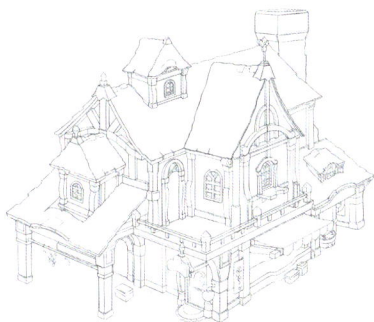

图 1-40

第 12 步，在完成场景设计的勾线部分后，可以点缀一些植物等元素，使场景更具生活气息。完成这一步骤后，场景设计的线稿部分就基本完成（图 1-41）。

1.4.2　宫殿建筑空间表现

第 1 步，用简单的几何图形搭建出建筑主体。这一步旨在用简单明了的方式表现建筑的组成关系，在第一步中要准确把控透视关系，否则，在后续的绘制中会出现返工或修改的问题（图 1-42）。

第 2 步，搭建主体建筑的外部框架。准确把握外部框架与主体建筑的空间和透视关系（图 1-43）。

第 3 步，将外部框架的结构简单表现出来。绘出屋顶构造，并延伸建筑右侧面长方形空间。注意屋顶与方形顶层的交叉关系（图 1-44）。

第 4 步，继续细化结构草图。绘出房顶、房檐和建筑左侧的设计细节，大致表现出建筑的材质（图 1-45）。

第 5 步，绘出建筑右侧面窗户与门的结构，以及延伸楼台的结构（图 1-46）。

第 6 步，细化草稿并勾勒线稿（图 1-47）。

第 7 步，清理草稿，为场景添加一些装饰细节。至此基本完成该场景设计的线稿（图 1-48、图 1-49）。

图 1-41

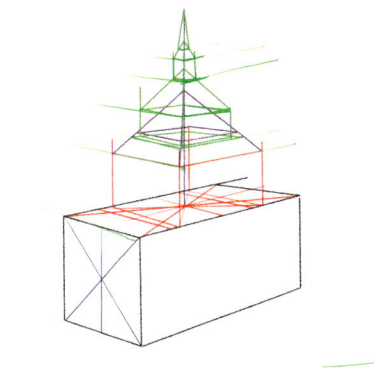

图 1-42

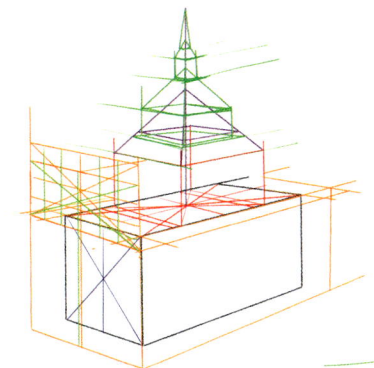

图 1-43

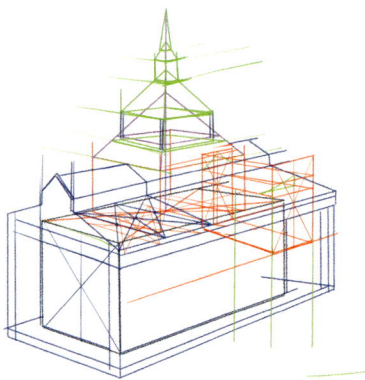

图 1-44

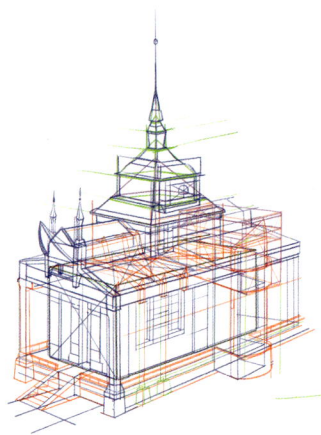

图 1-45

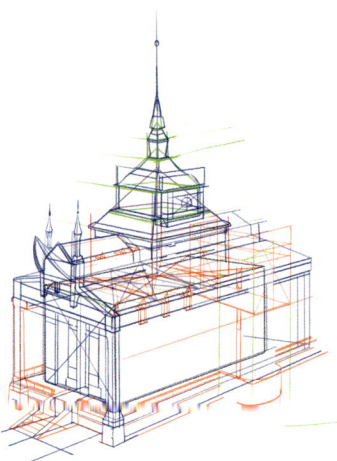

图 1-46

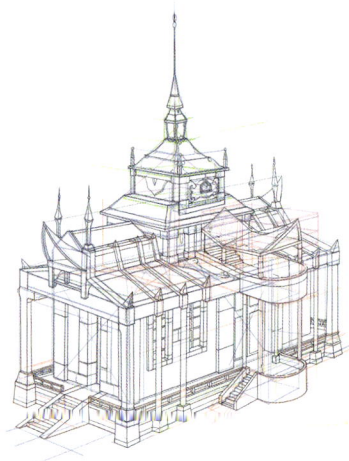

图 1-47

图 1-48

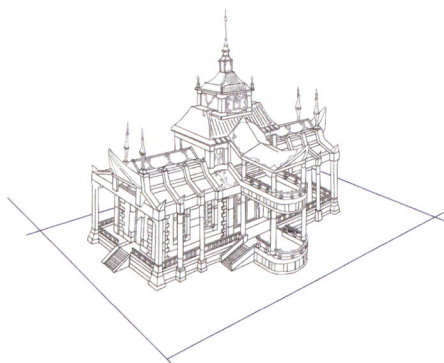

图 1-49

1.4.3　室内空间表现

第1步，运用两点透视的基本原理，确定建筑的占地结构和透视，以及建筑主体的中点，便于后续几何形体的搭建。注意设计方形与圆形相交的教堂场景，在透视上是较难把握的，所以在最开始的透视和结构绘制上需要更细心（图1-50）。

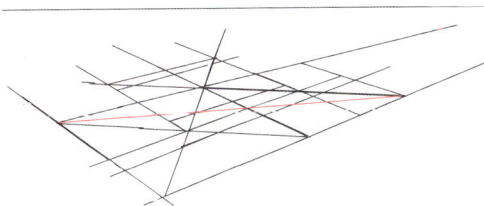

图 1-50

第2步，起草重要的场景构造。根据透视线，画出建筑的对称线、圆形的拱顶、对称分布的窗户和中心位置以及摆放神像的底座（图1-51）。

第3步，画出场景的大框架及半圆形地面。半圆形的拱顶下，半圆柱体造型镶嵌在长方体墙壁内。半圆形的地面透视是该场景设计中的重点，需要精准把握（图1-52）。

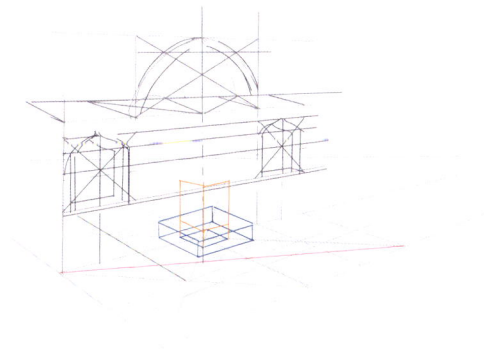

图 1-51

第4步，绘制场景的细节。将建筑风格、地域特征、材质等元素简单表现出来（图1-53）。

第5步，进一步勾线和描绘细节。注意对神像的造型、阶梯、窗户上的纹饰、地面摆放的物件等细节的刻画（图1-54）。

图 1-52

第6步，表现地面材质。按照透视线在地面画出网格线，注意体现瓷砖材质和地域特征，并添加植物等元素（图1-55）。

1.4.4　幻想建筑空间表现

第1步，将概括的几何形体搭建好。运用两点透视得到两个方形，并组成T形建筑（图1-56）。

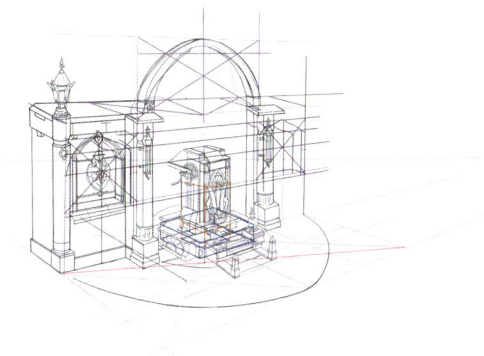

图 1-53

室内穹顶空间
画法

图 1-54

图 1-55

第2步，搭建右侧面透视线，增加透视辅助线（图1-57）。

第3步，绘制右侧面结构细节。注意在多个弧线形结构与方形连接时，弧度与透视的结构（图1-58）。

第4步，绘制左侧面建筑细节（图1-59）。

第5步，绘制屋脊结构。幻想建筑无须受现实生活中的建筑形态的束缚，可以在设计中随意地展现自己的想象（图1-60）。

第6步，填充草图。在完成结构搭建后，便可以将设计细节展现出来（图1-61）。

第7步，细化建筑的结构（图1-62）。

第8步，进行勾线与材质肌理的表现。丰富建筑的环境，以及材质与肌理的表现（图1-63）。

第9步，清理草稿，完成场景设计的线稿（图1-64）。

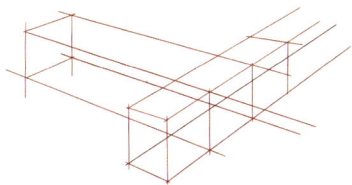

图 1-56

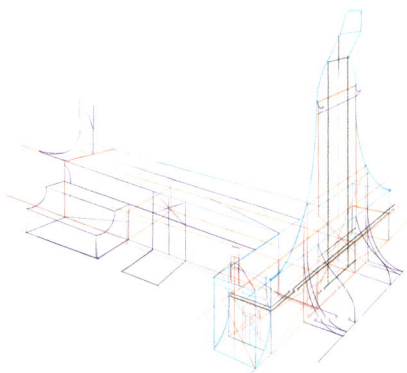

图 1-59

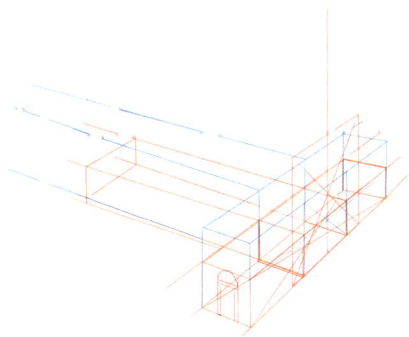

图 1-57

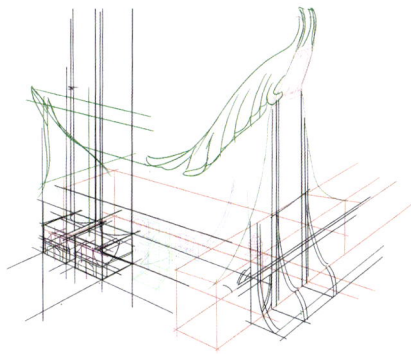

图 1-60

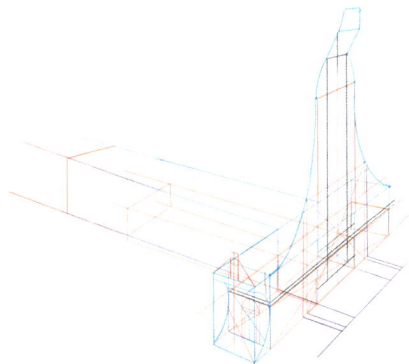

图 1-58

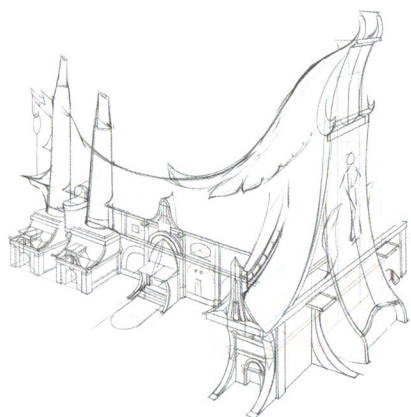

图 1-61

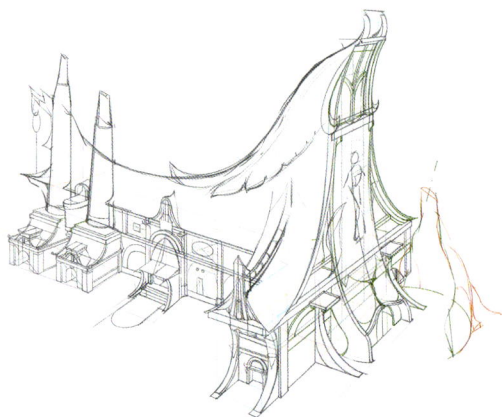

图 1-62

图 1-63

图 1-64

2|
光影造型

2.1　光影的视觉表现

动漫和游戏中的场景，是为表现剧情和展现世界观服务的。为了达到这个目的，需要通过光影的视觉表现来增强场景的真实感和代入感。下面，我们从塑造空间、渲染气氛、制造悬念三个方面来了解场景的光影视觉表现。

2.1.1　塑造空间

通过光影设计营造场景的空间关系，这种空间关系集中体现在，如何采用黑白以及多种色彩去建立前景、中景和背景，让数字绘画中的景深能完美呈现出来，并且能够突出画面的视觉中心和主题内容。

例如，在动画片《功夫熊猫》中，整个作品场景风格不同于其他动画片的风格，它体现的是一种中式风格。

在这部动画片中光影使用特别强调景物的轮廓，营造出画面中景、近景和远景的空间关系。光线从景物间穿透过去，分层次地把景物轮廓的美感展现出来，从而形成一种东方式的、装饰感极强的氛围。

图2-1　动画片《功夫熊猫》中的场景

又如，动画片《疯狂原始人》，光源则常常集中在画面的中景部分，使场景的亮、暗关系不平均，营造出一种阴森恐怖的原始森林的视觉效果。另外，场景的前景和背景常常处于逆光之中，而中间部分光线较为集中，则突出了角色表演的舞台视觉效果，也更增强了画面中的空间层次感。

图 2-2　动画片《疯狂原始人》中的场景

图2-3　动画片《疯狂原始人》中的场景

2.1.2 渲染气氛

场景设计中的造型不仅仅是交代空间关系，同时也是根据情节发展营造氛围的一种手段。为了满足叙事的要求，不仅需要交代时间季节等方面的背景元素，更是要通过光线、色彩等艺术手段去渲染故事发生的气氛，这样才能使作品更具感染力。因此，在原有的场景造型设计的基础上，需要用光影造型去展现故事画面。

例如，经典科幻电影《阿凡达》中，精美的灵魂树成为整个故事的核心点，从这个点延伸出故事的情节，再根据这些情节设计出不同的光影效果。

其中，用不同的布光方式描述故事。例如图 2-4 中，在其中一个场景中交代了故事发展的环境、地貌和空间关系，而在另一个时间段设计的光线效果中，没有采用外打光，完全采用自发光的方式。这使观众的注意力得以集中在主体物本身，其所产生的光源效果营造出一种神秘、灵异的气氛。

图2-4 电影《阿凡达》中的场景

在图 2-5 中，围绕场景的尺寸比例，并以主人公的视角去展现光怪陆离的
景物，带来震撼、奇异、浪漫的视觉感受，对于角色的表演和故事的发展起到
了很好的烘托作用。

在图 2-6 中，光影就如同舞台上的灯光，设计者通过灯光来突出角色的表
演，展现画面的焦点。

图 2-5　动画片《功夫熊猫》中的场景

图 2-6　动画片《疯狂原始人》中的场景

2.1.3 制造悬念

制造悬念突出戏剧冲突，这对故事的开展起着很重要的铺垫作用。例如，在电影《妖猫传》中（图 2-7），妖猫附体在闺阁女子身上，以春琴的外表出现，吟唱李白写给杨贵妃的诗句，整个场景效果呈现出十分迷幻、诡异的气氛。通过制造悬念，进一步推进了故事发展，对情节起到了很好的烘托作用。

图 2-7　电影《妖猫传》中的场景

2.2 光影造型手段

光影是场景氛围营造的重要手段。下面,我们从光源种类和光源方向两个方面进行论述。光源种类是根据光在场景中不同的表现作用来进行分类,光源方向则是从光的不同照射角度以及与镜头画面的相对方向来进行归类。

2.2.1 光源种类

（1）主光源

主光源是展现主要物体的立体关系、材质肌理以及空间关系的一种光影造型手段,在光影造型中起到至关重要的作用。主光源的投射范围和明亮程度、色彩关系,都会影响作品的画面效果(图2-8)。

（2）辅助光

辅助光,顾名思义就是配合主光源的光线,往往处在与主光源方向相对应的位置。未被主光源照射的部分需要辅助光去补充和完善,特别是场景中的空间关系和细节(图2-9)。

（3）背景光

在光影造型中,为了交代故事发生的环境而对周围的景物有一个宏观的描述,这时常常使用背景光来呈现故事情节所发生的位置和空间。在这一类的光线应用中,目的不是突出某个景物,而是交代大环境,以此给场景氛围定下基调(图2-10)。

（4）轮廓光

轮廓光是把想要突出的景物与背景分离开的一种光影造型手段。这种光源常常以照射物体的边缘为主,使物体的整体形象从背景中分离出来,起到强调或者增强空间纵深的视觉效果(图2-11)。

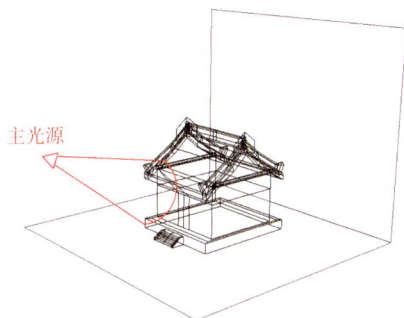

图2-8　主光源示意图

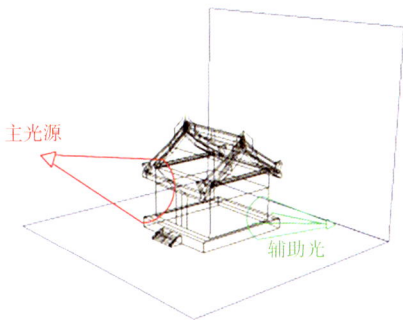

图2-9　主光源、辅助光示意图

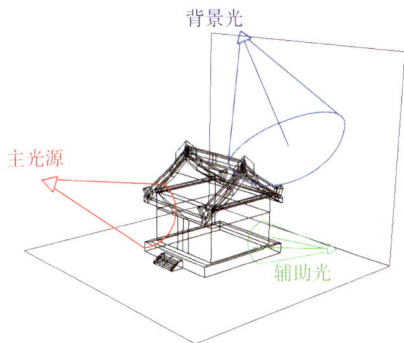

图2-10　主光源、辅助光、背景光示意图

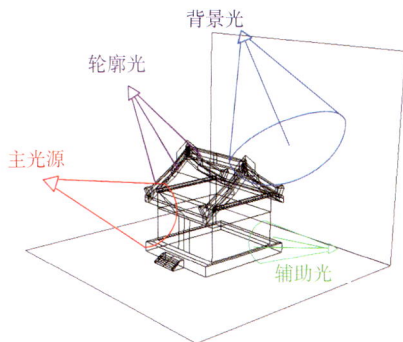

图2-11　主光源、辅助光、背景光、轮廓光示意图

2.2.2 光源方向

光源方向是从光的不同照射角度以及镜头画面的相对方向对场景进行光影造型。具体有：顺光、平射光、侧光、顶光、底光、逆光等。

（1）顺光

当主光源与摄像机保持平行，或者靠近摄像机时，光线直接照射到物体的大部分，使对象产生大面积的亮部，形成"顺光"的效果。这种光线的特点是：受光面积大，画面平面感强，视觉效果明朗、朴素，反差弱，色彩饱和度较高。但画面缺乏立体感、透视感和质感（图2-12、图2-13）。

（2）平射光

当主光源与水平面的角度小于15度时，形成"平射光"的效果。这种光线出现的时间一般是清晨或者傍晚，当太阳与地平线夹角在15度以内时，由于这时的阳光是平射的，再穿过厚度较大的大气层，所以光线较暗且柔和，颜色偏暖，具有很强的情感表现力。这种柔和的光线还具有很强的色彩表现力，比其他光线更具浪漫感和氛围感。另外，平射光照在物体上会投出很长的影子，能够增强画面的层次感（图2-14、图2-15）。

图2-12 顺光示意图

图2-13 电影《千与千寻》中顺光的场景

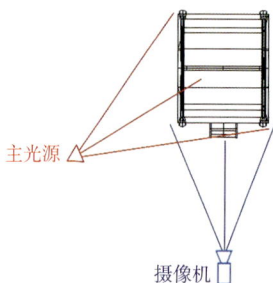

图2-14 平射光示意图

图2-15 学生平顺光练习作业

（3）侧光

当主光源与摄像机处于大于30度小于90度的夹角时，形成"侧光"的效果。侧光是我们最常用的光线，也是最熟悉的光线。这种光源方向的特点是具有很强的立体感和透视感，影调层次相对丰富。它的采光方式有利于表现物体的具体内容，以及材质和空间关系。在最初进行传统绘画训练时，我们基本上一直采用侧光，侧光有利于我们去认识描绘对象身上的具体细节和造型关系，有利于绘画者去观察物体本身的造型效果。相对而言，它也是比较能客观展现物体的一种光线方式。

作为绘画中最常用的采光方式，侧光有利于表现物体的立体形状和景物的空间深度，又能使物体的表面结构得到细腻地描绘（图2-16、图2-17）。

（4）顶光

当主光源垂直于地面，在被照射的物体的顶部形成"顶光"的效果。顶光是一种相对而言比较特殊的光线，是太阳介于80度到90度之间的光线，是一种特定角度、特定时间的光线。它通常有两种状态：第一种，是日常环境中天气晴朗时，正午阳光呈顶光效果；第二种，是海底环境的光线效果，对于海底场景，我们常见到这种顶光效果。

顶光光线经过大气层最薄，光线损失最小，光照最强，景物的顶部受到很强的光照，出现强烈的亮度反差。

顶光的造型特点是：物体阴影相对较短，体积感和空间感较弱，画面呈现出一种平面效果（图2-18、图2-19）。

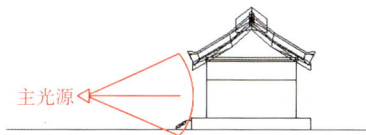

图2-16　侧光示意图

图2-17　学生侧光练习作业

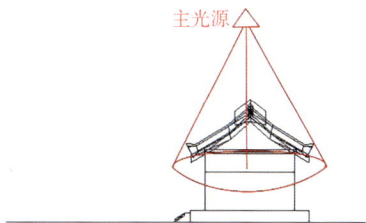

图2-18　顶光示意图

图2-19　学生顶光练习作业

（5）底光

与顶光相反，主光源位于被照射物体的底部，从而形成"底光"的效果。底光是一种很特殊的光线，通常用来营造气氛，它不同于前面我们所讲到的几种光线，其主要的目的是创造出一种不同于日常情况下的灯光效果，经常用于表现恐怖诡异的气氛。

在这种光源方向下，物体是无法被看清的，只能表现出一种特殊的环境和气氛，特别是在一些光怪陆离的故事情节中，经常会用到底光（图2-20、图2-21）。

（6）逆光

当主光源与摄像机处于相对关系的时候，形成"逆光"的效果。逆光是完全忽略对象物体细节的一种光线设计，其采用光线勾勒出物体的轮廓，使主体物和背景分离开，并在光滑的表面上产生明亮的闪光，这是一种增强物体亮度反差的设计手法，既可以营造浪漫温馨的气氛，又可以制造出一种恐怖紧张的效果。在这种光线情况下，对构图设计、对关注点的设计就显得格外重要（图2-22、图2-23）。

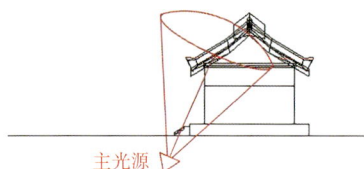

图2-20 底光示意图

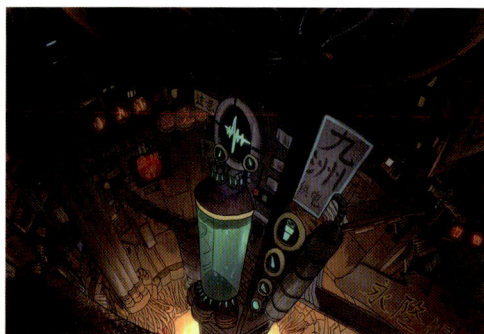

图2-21 学生底光练习作业

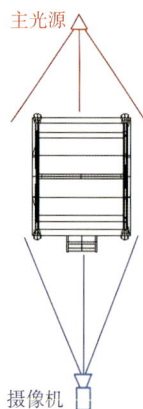

图2-22 逆光示意图

图2-23 学生逆光练习作业

2.3　光影造型案例分析

图 2-24、图 2-25 表现的是中国传统风格的街道，在这条街道两边有各种店铺，包括酒市和包子铺等。光线采用的是上午的太阳光，左边建筑物的影子投影到街道上产生明暗的层次感。光源的布局能够产生景深效果，前景、中景和背景以及街道的光影变化，都有助于景深表现。

图 2-26 是表现海洋幻想生物的数字绘画作品，根据画面竖构图的方向，光源被设计在画面的右上角。通过光线投射在海洋植物上面的阴影深浅变化，来塑造出整个场景空间的深度。

图 2-27—图 2-29 表现的是一个传统住宅的大门，其光源设计使建筑的主体特征以及画面的景深得到充分表现，前景、中景和背景的效果得到了明显提升。

图 2-30—图 2-32 表现的是"海上恐怖建筑"，其光源主要来自溶洞里面的诡异火光，同时使用月光来补充画面的细节，使物体的造型关系明确。另外，光源也影响到前景的逆光效果，在增加画面层次感的同时，也使海上光源统一，气氛营造比较成功。

图 2-33、图 2-34 表现的是"水母城市"。其光源设计以中间的圆形月亮为主光源，再以每一个建筑物窗户的灯光作为补充，整个呈现冷色调，象征深海神秘的环境。月光给予物体的逆光所形成的效果轮廓，营造出神秘的气氛，对画面的渲染起到了关键作用。

图 2-24　光线分析（学生作业）

图 2-25　色彩氛围（学生作业）

图 2-26　光线设计（学生作业）

图 2-27 场景线稿

图 2-28 光影设计

图 2-29 色彩预想

图 2-30 场景草稿

图 2-31 光线设计

图 2-32 色彩预想

图 2-33　色彩预想

图 2-34　色彩预想局部

3|

场景的色彩设计

空间和时间的色彩设计

冷暖色调与场景气氛

动漫和游戏的场景色彩，一方面，具有强烈的装饰性；另一方面，具有趣味性。由于不同题材的作品采用的色彩风格不同，所呈现的表现效果也千差万别。所以，场景的色彩设计至关重要。

例如，在动画片《凯尔经的秘密》中（图 3-1），使用的色彩具有强烈的装饰效果，其用色大胆，纯度较高，带有极强的个人倾向，而且随着场景的变换，色彩的变化也十分丰富。

3.1　空间和时间的色彩设计

不同的时间，不同的季节，即使在同一个场景，其色彩效果也是完全不同的。我们要根据故事内容和情节来确定空间和时间的色彩。例如，在动画片《功夫熊猫》中，季节的更替带来了色调的冷暖变化。因此，设计方案中的季节因素，对色彩的影响是巨大的，也是我们采用色彩表现的一个重点。

如图 3-2、图 3-3，场景中暖色的应用展现出一片秋色，恬静而浪漫，为故事的发展起了很好的铺垫作用。而在后面的情节中，冬季强烈的冷暖色对比，为画面带来平静的氛围。这种不同时间和不同季节的色彩表现，使整个故事具有清晰的发展脉络和场景转换的视觉效果。

3.2　冷暖色调与场景气氛

随着作品情节的发展，不同的冷暖色调会产生不同的画面氛围，为故事的展开起到很重要的情绪渲染作用，同时使角色的情感表现更加具体，作品的主题也能得到升华。通过冷暖色调的变化，引导观看者的情绪变化，如亮色给人一种轻松、明快的感受，而暗色则给人压抑和神秘的感受，色彩的冷暖基调可以奠定场景的气氛基调。另外，在画面中加入一些补充颜色，可以调节画面的节奏变化，并通过这些变化来展现人物内心情感的起伏，这也是场景数字绘画中一种重要的表现手法（图 3-4、图 3-5）。

图 3-1　动画电影《凯尔经的秘密》中的场景

图 3-2 动画片《功夫熊猫》中的场景

图 3-3 动画片《功夫熊猫》中的场景

暖色调设计

冷色调设计

图 3-4　动画片《疯狂原始人》中的场景

图 3-5　动画片《疯狂原始人》中的场景

4 |
场景的构图设计

画面韵律
气氛情感
空间景深
视觉表现中心

在确定场景风格以后，紧接着就是设计画面构图。场景和数字绘画的构图决定了整部作品的框架，我们需要经营好画面，在构图设计中充分体现出自己的创意思维。在数字场景绘画的构图设计中，我们要遵循的是以下规律。

4.1　画面韵律

数字绘画作品的构图是画面动态的一部分，景物的布局和取景的角度都决定了画面最终的构图效果。为了避免呆板的构图方式，我们常采用均衡的画面构图。

例如，从图 4-1 动画片《功夫熊猫》的设计中能看出来，一个动态线条，可以对画面产生强烈的引导作用，能使作品产生很强的动感和旋律感。节奏和韵律在生活中是无处不在的，数字绘画作品中的节奏韵律同生活节奏是一样的，要张弛结合，形成完美的视觉效果。

4.2　气氛情感

构图中动态线条的穿插、色彩的虚实布局，以及景物的疏密等都能使作品产生气氛情感，以此打动观众。

例如，图 4-2 动画片《功夫熊猫》中，采用视觉特效的方式展现故事的气氛情感，并且配合景物构成一种具有张力的视觉效果。其中色彩和构图的布局，不仅塑造了角色的性格特点和情绪特征，而且也体现创作者个人的情感，这种具有张力的构图形式给观众以强烈的印象。

4.3　空间景深

景物的景深，是我们在描绘画面时需要完成的重要环节。如果通过构图把画面中的前景、中景、远景这几层关系清楚地交代出来，那么构图中每一层关系就能错落有致，形成一种节奏感，使观众看到空间中的纵深感，也给后期的角色表演留出了舞台空间。

例如，图 4-3 动画片《疯狂原始人》中，通过对不同景物景深的布局，画面中的每一个部分都能产生强烈的层次感，再结合光影设计方法，就可以为画面营造出一种更加逼真的舞台空间效果。

图 4-1 动画片《功夫熊猫》中的场景

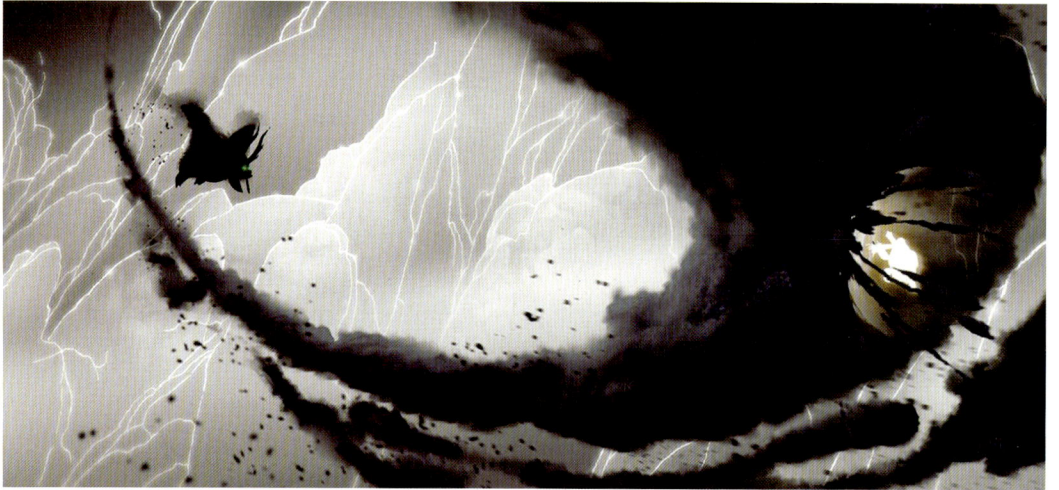

图 4-2 动画片《功夫熊猫》中的场景

图 4-3　动画片《疯狂原始人》中的场景

4.4　视觉表现中心

在游戏和动漫的场景构图设计中，非常重要的就是视觉的表现中心。为了帮助角色表演和互动、营造空间氛围，我们在构图设计时，就要把整个构图的核心部分留给主要角色，在构图中必须突出视觉表现中心。这样才能使光影构图服务于这个视觉表现中心，让观众一目了然，准确无误地了解到画面上所要突出的部分和所要表现的内容。

从图 4-4 数字绘画作品中，我们可以看出，焦点中心的表现是整个画面的灵魂，需要作者通过构图的手段强化这种焦点的表现效果。通过构图形式去引导观众的视线，集中在画面的焦点上，尽可能避免呆板对称式的构图，使得画面既有动感又有细节表现。

在图 4-5 这幅表现海洋生物的作品《水母》中，我们看到作者通过画面上众多线条，包括海藻飘动的形态、章鱼的触角、鱼群的游动方向等这些图像元素，通过构图的方向感去引导观众集中在画面的主体物上。从而形成平衡但不平均，又具有动感表现力的构图效果。

图 4-4　动画片《疯狂原始人》中的场景视觉表现中心

图 4-5　学生作业《水母》

5 |

场景材质的数字表现

5.1 天空的数字表现

天空云朵表现
技巧

天空数字表现的关键点：云彩的明暗上色；画笔的参数修改；橡皮和涂抹工具的使用。

天空和云彩是场景中不可或缺的因素，其一方面从色彩上决定画面的冷暖感，另一方面营造空间的纵深感。

在进行数字表现时，我们一般把蓝色的天空背景和云彩分成两层。天空的背景经常采用渐变色来形成空间的纵深关系；云彩的体积、受光的处理以及阴影的表现，也是数字表现中的重点（图5-1）。

在绘画中我们要仔细分析光源方向。云彩的亮面部分、云彩的暗面部分，以及云彩的自然肌理，也是数字表现的关键。

第1步，用颜色渐变工具绘制天空。我们经常看到的真实的蓝天是通过空气折射产生的渐变效果。这种从深蓝到天蓝的渐变就是表现背景纵深的一种方式（图5-2）。

第2步，描绘云的形态。在这个阶段，我们需要仔细描绘云的体积，分清云的亮面和暗面，受光面和背光面，以及它的立体关系，这样才能够完整地表达出云在天空中的具体形态。在绘制的过程中要注意云的远近、大小、变化以及云的形态和走向，这就依靠我们在平时练习和生活中所积累的经验（图5-3）。

图5-1　风景图片中的云彩

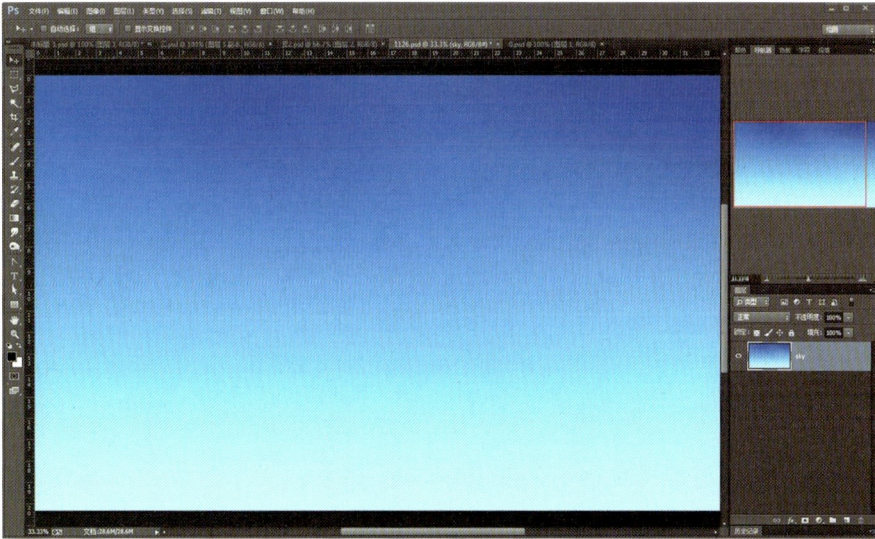

图 5-2

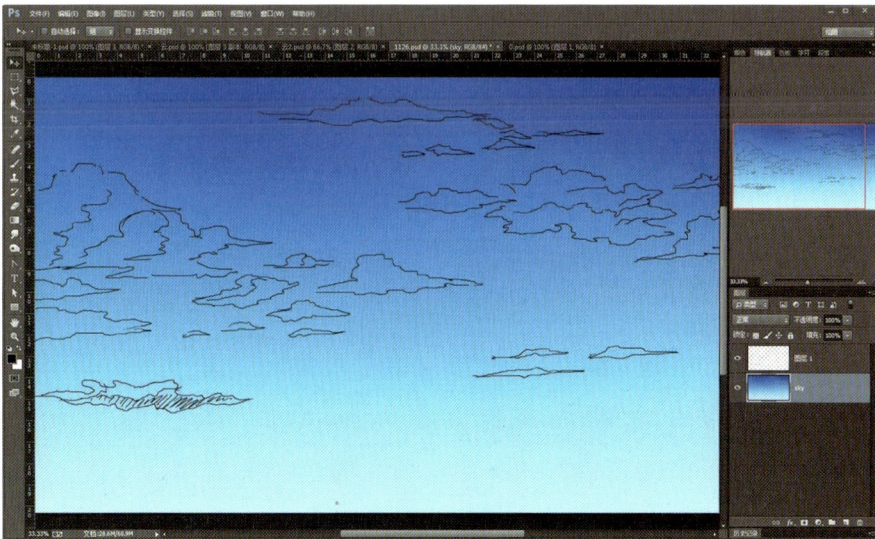

图 5-3

第3步，用云的中间色调来制作云的基本颜色。首先，打开画笔工具设置，选择默认笔刷里尺寸为36的笔刷，调整参数有大小、角度、间隔，以及形状动态中的大小抖动参数（图5-4、图5-5）。

然后，使用模糊工具表现云的质感。动态模糊使用两次（图5-6、图5-7）。

最后，调整透明度，表现云的一部分肌理效果（图5-8）。

图 5-4

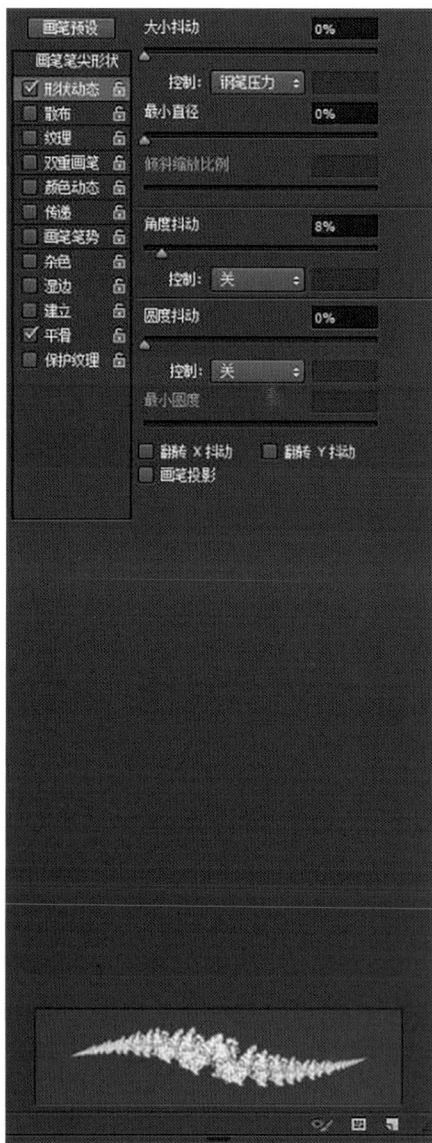

图 5-5

图 5-6

图 5-7

图 5-8

第4步，新建一层图层。为了描绘出云的亮面，我们就再次需要用到画笔工具，用画笔工具调整出云边缘的肌理效果（图5-9）。

第5步，用云彩暗面的颜色来绘制明暗交界线部分的造型。在用色上尽可能保持颜色的饱和度，在这个过程中，要注意感应笔的轻重变化。用力重和用力轻，会影响云彩边缘的粗细（图5-10）。

第6步，我们使用跟刚才画笔设置一样的方式来设置橡皮工具，目的是用感应笔的轻重来表现云边缘的形态，使其更加自然优美（图5-11）。

第7步，当基本画出云彩的亮面和暗面后，我们就要用到涂抹工具。我们把涂抹工具的涂抹方式重新设置，增加颗粒感和粗糙感，然后在云彩的亮面和暗面之间来回涂抹，呈现出虚幻而又有体积关系的云彩效果（图5-12）。

图 5-9

图 5-10

图 5-11

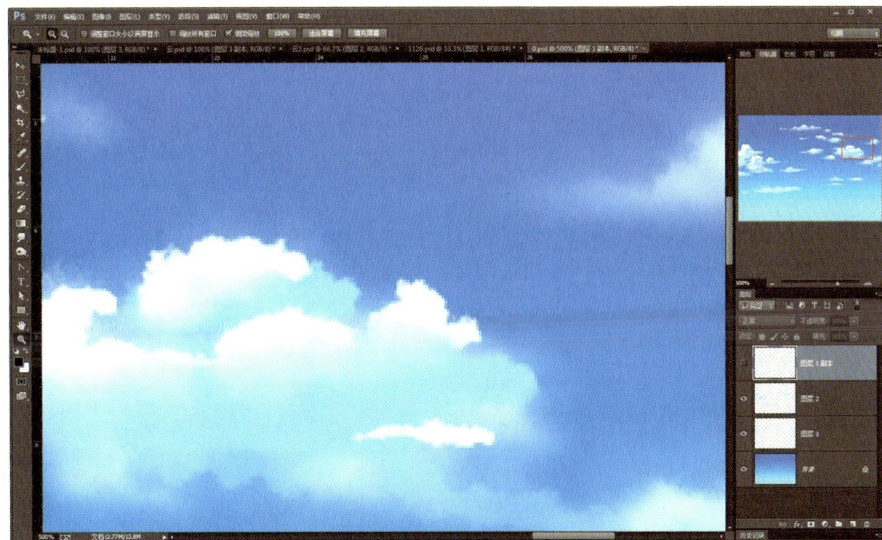

图 5-12

注意：无论是表现早晨的天空还是中午的天空，无论是蓝天白云还是朝霞晚霞，都需要我们仔细观察云的受光方向、云的亮面暗面以及云彩的反光，运用画笔设置和橡皮设置的方式去修饰云的形态。

5.2　树木的数字表现

树木数字表现的关键点：树木的体积关系、自定义画笔和画笔设置、树叶表现中的压感控制。

树木的表现往往是场景中的难点，这主要体现在树木的形态、体积和细部的质感等。

首先，我们要了解树木的体积关系。每一团或每一处树叶的体积关系在光源的影响下会呈现出不同的效果，特别是色彩和位置关系对画面影响非常大，所以在设计树木的时候，一定要考虑到光源方向和树木体积关系。

其次，就是树枝的开叉方向。为了让树木的形态能够营造出所需要的环境，我们必须重视树的形态设计，需要把握每一根树枝的开叉以及树叶的布局。只有根据画面整体关系去协调，才能达到较好的效果。

最后，从细节上来说，树叶的样式以及树干的表现十分重要。这时我们要用到Photoshop里面的笔刷工具。在绘画中，需要准备很多笔刷用于后期的绘制，包括草、树、叶、云朵等各种类型的笔刷，这些效果在绘画中会经常用到（图5-13）。

第1步，确定树木外形。确定好树木的树枝方向和比例，树叶的展开方式以及树的体积关系。在这个基础上，我们简要标出树木的受光面和背光面，为后期的上色以及树木的细节表现打好基础（图5-14）。

图 5-13

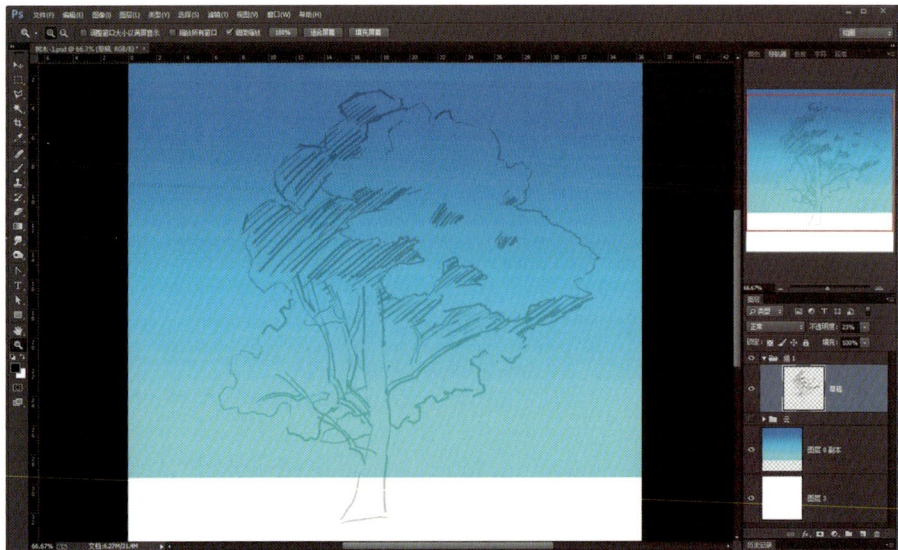

图 5-14

　　第2步，设置笔刷形状。根据设计好的树木形态，设计具体树叶形状，包括向左或向右的生长方向以及单片树叶的形状。首先我们通过画笔工具画出一片树叶的形态，然后再画出多片树叶。可以先用黑色涂满树叶，这里的黑色并不代表树叶是黑色的，而是它的色彩代表是 100% 的不透明度（图 5-15）。

　　第3步，选取所画的树叶形状，制作自己的树叶笔刷。选择自定义笔刷，在自定义笔刷里面把它命名为你所需要的树叶名称。可以通过笔刷另存的形式，把它存在相关的文件目录里，便于后期绘画过程中可以调取使用（图 5-16）。

　　制作笔刷首先选择当前选区，点击编辑—选择—定义—画笔预设，设置为样本画笔 3（图 5-17）。

图 5-15

图 5-16

图 5-17

在画笔设置菜单中，找到自己命名的笔刷，调整相关参数：

首先，点击画笔笔尖形状—大小—间距，设置参数，设计树叶之间的间距（图 5-18、图 5-19）。

其次，在形状动态的选项里，选择大小抖动的钢笔压力。最小直径参数是指树叶画笔的最小尺寸。为了让树叶显得更加自然，而不是简单地重复，需要设置角度抖动的数值，并选择钢笔压力（图 5-20）。

最后，选取散布设置。通过设置钢笔压力的散布比例和数量，让感应笔的压感来控制散布的数量和抖动效果（图 5-21）。

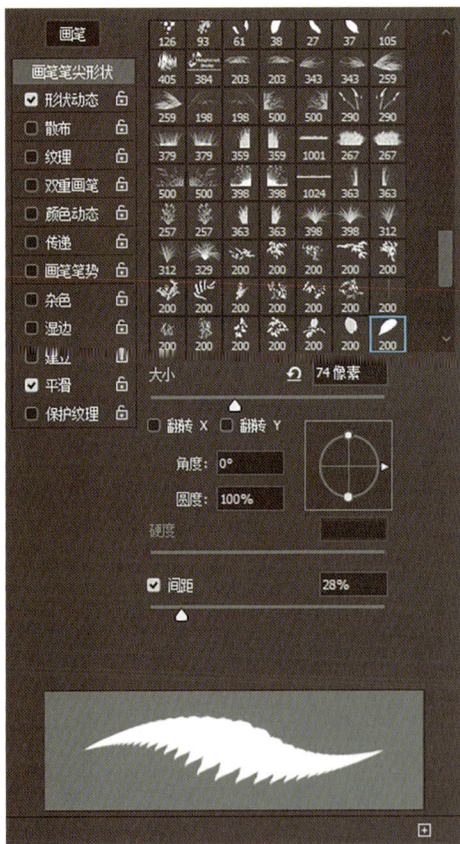

图 5-18

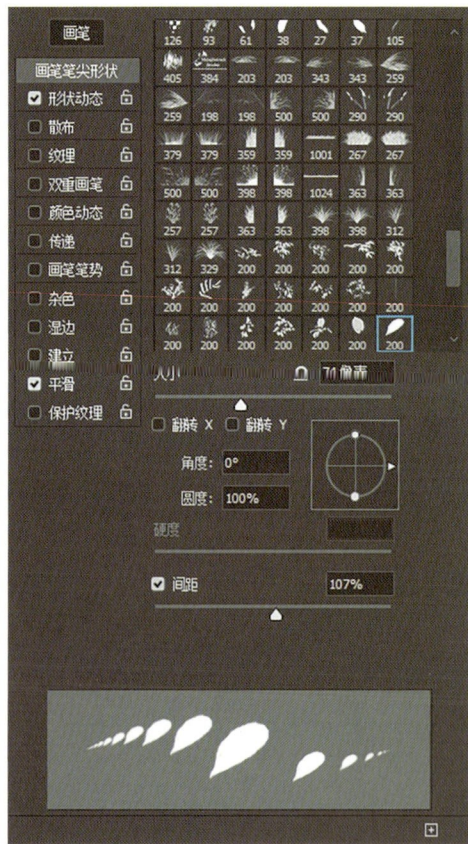

图 5-19

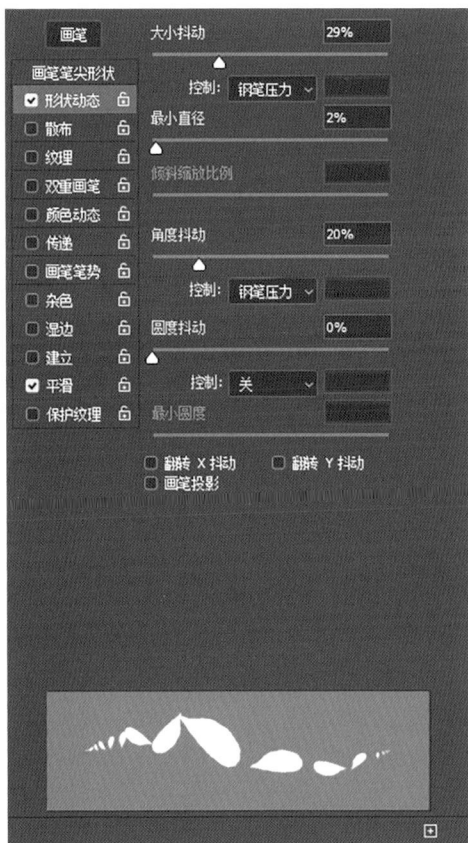

图 5-20

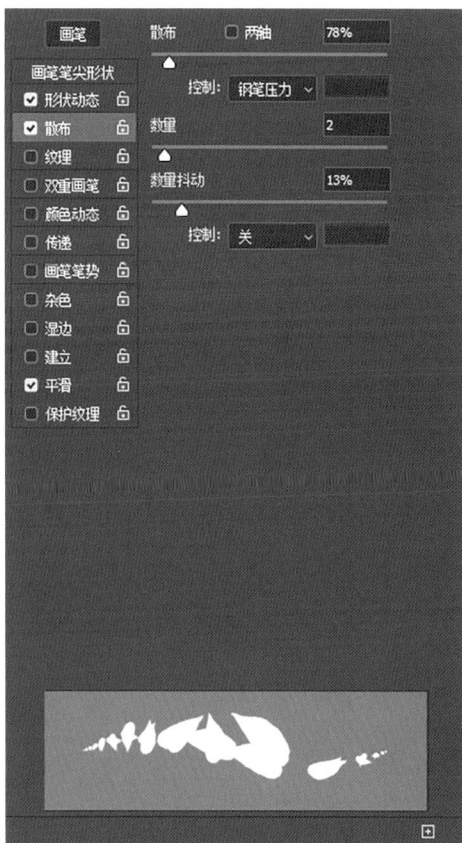

图 5-21

第 4 步，使用画笔工具来绘制树叶的亮面。新建一层图层画出树叶的亮面，在这个过程中，要注意树叶的边缘，尽量用画笔表现出压力感，旋转笔刷表现散布的数量，以此达到你所想要的视觉效果（图 5-22）。

第 5 步，选取同样的笔刷来绘制树的暗面。树叶的背光面分两个部分，一部分是受天光影响所反射的暗面，另一部分是树叶的底面，这两个方面都需要通过不同的颜色表现，而且需要通过色彩的冷暖关系把树的结构交代清楚（图 5-23）。

第 6 步，接下来我们就要新建一层来绘制树干树枝，在这个阶段要注意树干的肌理效果，通过画笔来呈现出上面粗糙的纹理（图 5-24）。

第 7 步，根据光影分析来检查树的体积关系是否正确，以及树的素描关系、色彩渐变是否达到了要求。我们需要通过色块把物体的体积关系交代清楚（图 5-25）。

第 8 步，最后我们使用树叶的笔刷工具，通过画笔点缀，把明暗交界线和色块之间边缘处理一下，画出树叶的散布效果。同时，在前景部分，首先绘制暗部颜色，然后画出树叶的亮度，通过亮面和暗面的强烈对比，把树的总体形态塑造完整。在这个阶段一定要注意树的素描关系和明暗交界线上面的细节变化（图 5-26—图 5-29）。

图 5-22

图 5-23

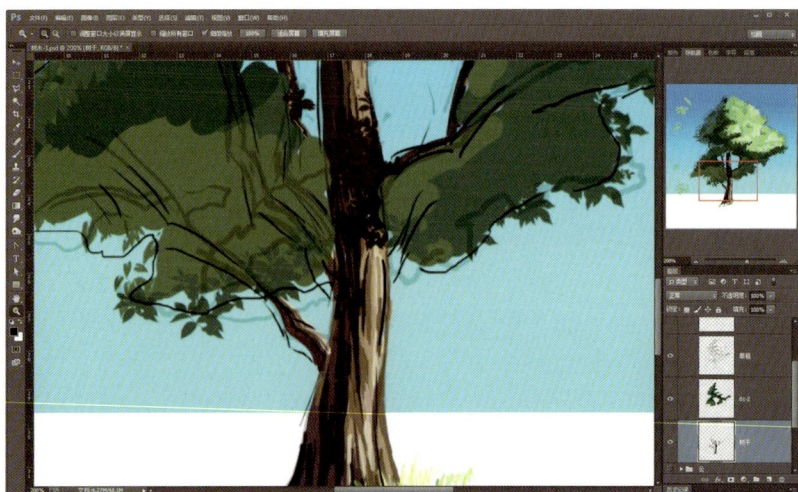

图 5-24

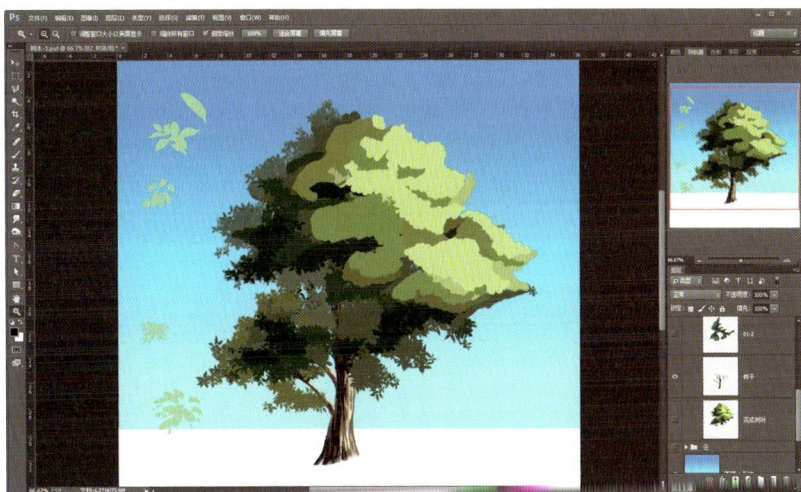

图 5-25

图 5-26

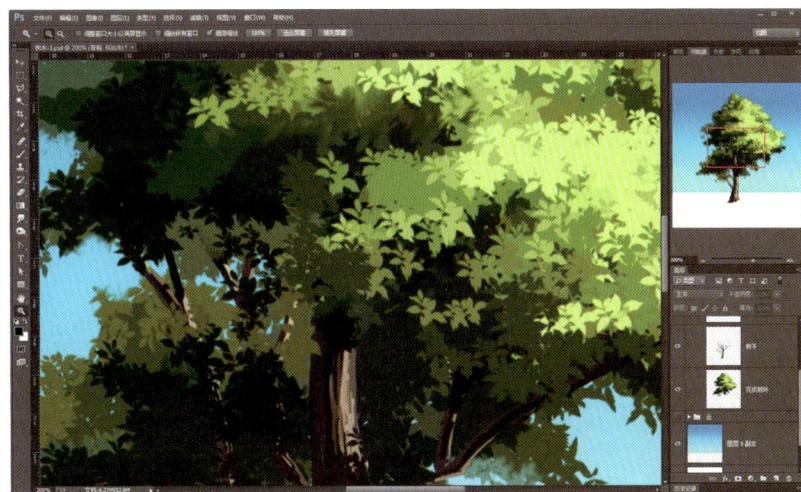

图 5-27

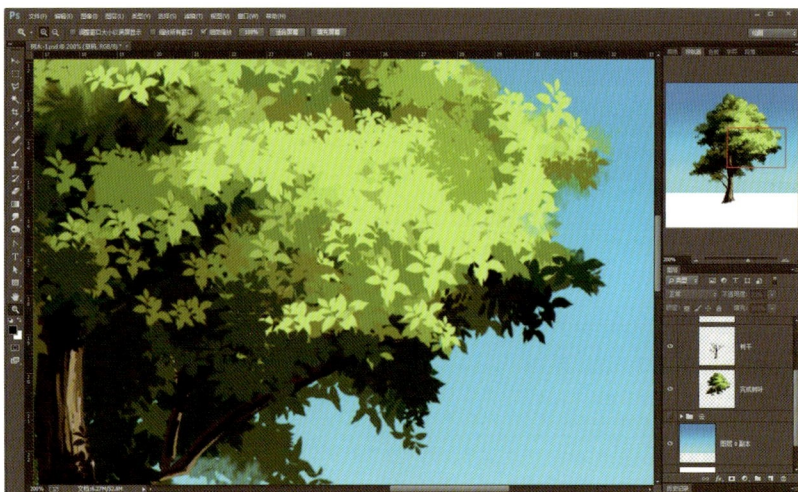

图 5-28

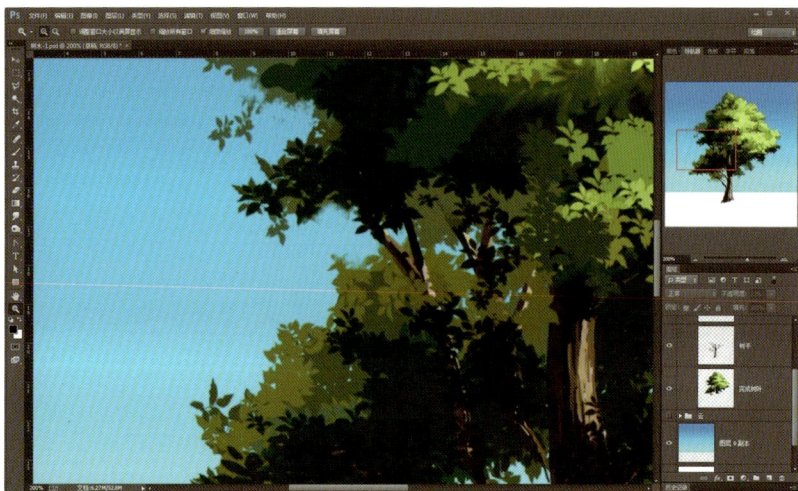

图 5-29

注意：在绘制的过程中，一定要把树叶的前后关系表现出来，同时也要考虑到树叶哪些部分受光，哪些部分背光，这样才能把树的整体结构和空间关系交代清楚，并且要特别注意它的层次变化，使其显得比较自然。

5.3 山石的数字表现

山石数字表现的关键点：石材的体积和光影关系。

山石景物的绘制难点在于它自然的肌理效果。我们需要非常仔细地分析它的体量结构和肌理表现。特别是山石的体积和布局，合理布局能使景物显得更加自然。

在数字绘画过程中，首先确定好石头的体积关系和阴影关系，然后在色彩运用上，尽可能把亮暗面的冷暖关系、结构关系表现清楚。最重要的一点就是，石材上微妙的转折和裂开等细节需要仔细完成。

第1步，用画笔工具画出石材的外轮廓。要特别注意其体积关系（图5-30）。

第2步，使用画笔把石头暗面的范围确定下来，并用颜色进行标记（图5-31）。

第3步，把石材亮暗面的明度关系和冷暖关系用画笔快速画出来，这一步类似于架上绘画的色彩大关系（图5-32）。

第4步，把石块之间的细部结构绘制出来。注意表现石材每一个面的结构和坚硬的自然形态（图5-33）。

第5步，从石头之间的裂纹开始，重点塑造石材的立体关系，同时也需要调整整体色彩关系和明暗关系（图5-34）。

石材表现技巧

图5-30

图5-31

图5-32

图5-33

图5-34

5.4　草地的数字表现

草地表现技巧

草地数字表现的关键点：草地的景深关系；光照效果的使用；透视变形；涂抹笔刷的设置。

在表现草地时，我们要注意草和天空一样，都具备非常重要的景深表现力。因此，在绘制时我们重点考虑光线的布局、色彩冷暖的变化、色彩纯度的变化，以此营造出画面的景深效果（图5-35）。

第1步，在画草地之前，首先确定好天空的颜色以及色彩的变化，这有利于远景景物的塑造（图5-36）。

图 5-35

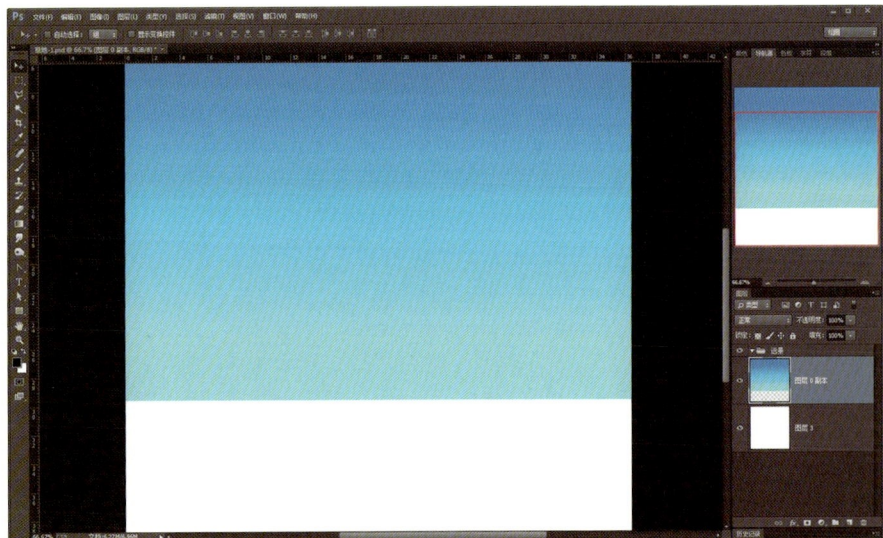

图 5-36

第 2 步，新建一层图层，结合山体的明度，画出草地的远景。颜色偏灰、偏亮能够产生景深的变化（图 5-37）。

第 3 步，新建图层，画出山体的中间部分，这部分的色彩饱和度偏高。同时要注意光源的方向以及强度，通过山体的亮点和暗面交代出素描关系和景物的体积（图 5-38）。

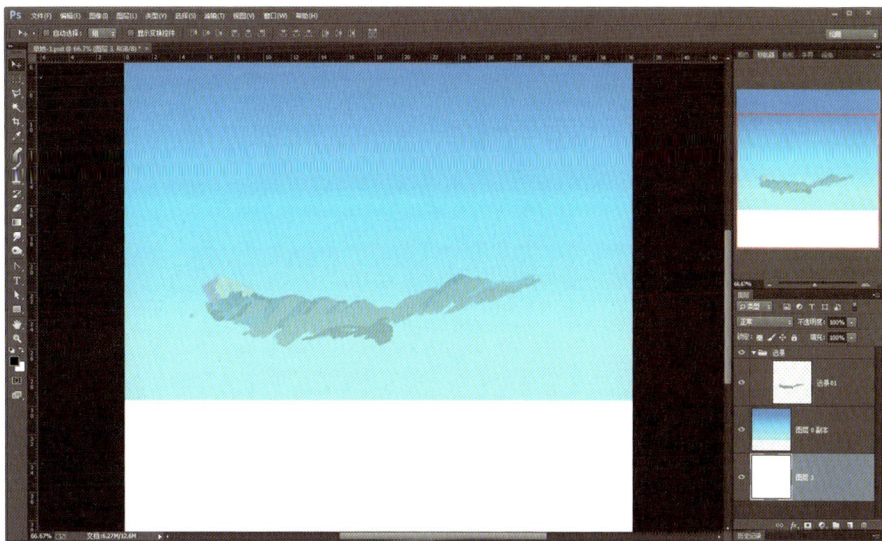

图 5-37

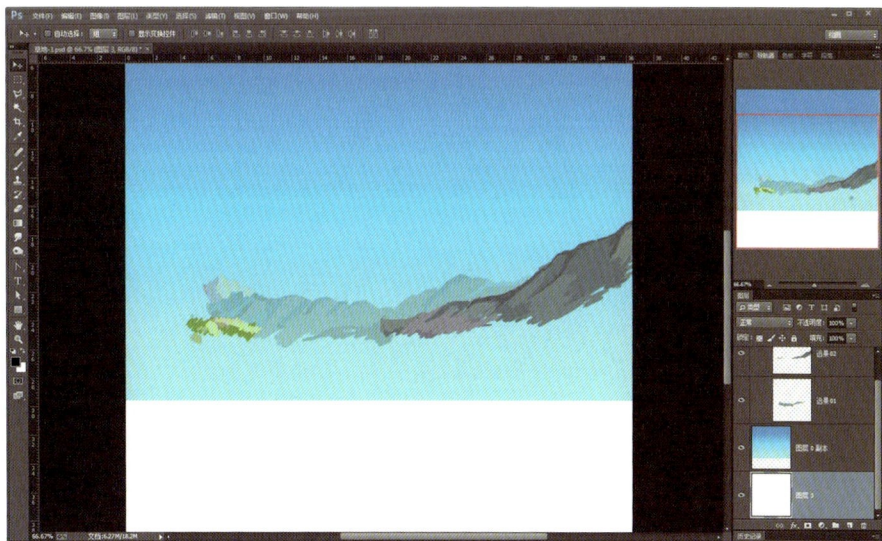

图 5-38

第 4 步，在画完远山以后，要注意山体与草地之间的衔接，我们通常使用树木作为补充元素。根据光源方向，描绘出树的大体轮廓。树的亮面及暗面与背景光源方向应该相一致。同时增加远山上受光面的细节描绘，这有利于表现整个画面的气氛（图 5-39）。

第 5 步，新建图层，用不同冷暖色，有间隔地画出草地上的深浅变化。注意深浅交替的色彩变化，这有利于后续步骤（图 5-40）。

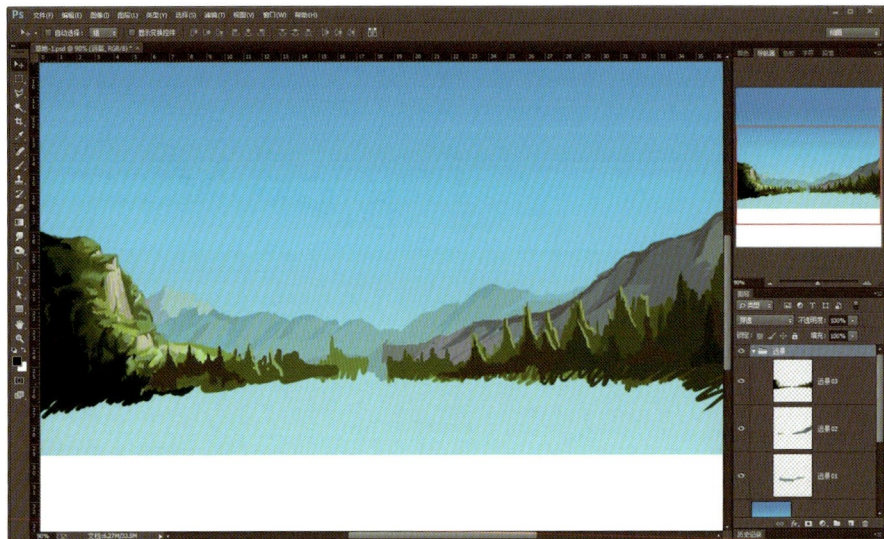

图 5-39

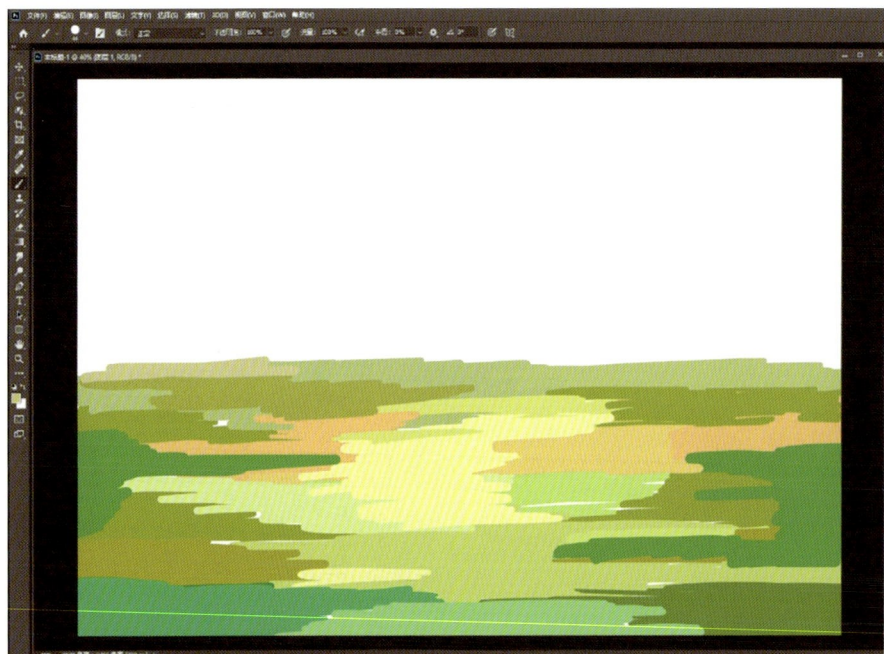

图 5-40

第 6 步，使用滤镜中的动感模糊功能，对画面中的色彩和笔触进行模糊处理（图 5-41）。

第 7 步，打开滤镜—渲染—光照效果。根据既定光源设置方向、色彩、光源范围和环境亮度，使其符合场景的气氛要求（图 5-42、图 5-43）。

图 5-41

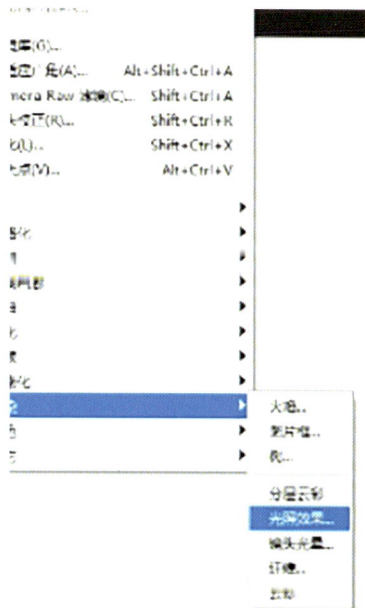

图 5-42

图 5-43

第 8 步，打开编辑—变换—透视。确保草地符合场景的透视规律，这有利于场景画面的景深表现（图 5–44、图 5–45）。

第 9 步，使用涂抹工具。调整默认画笔的尺寸和间距参数，使其可以涂抹草丛（图 5–46）。

第 10 步，新建一层图层。首先，根据光源的变化画出不同色块。然后，使用画笔工具表现草地的效果。注意颜色的层次变化，这突出草的边缘形态，使其浅一层深一层（图 5–47）。

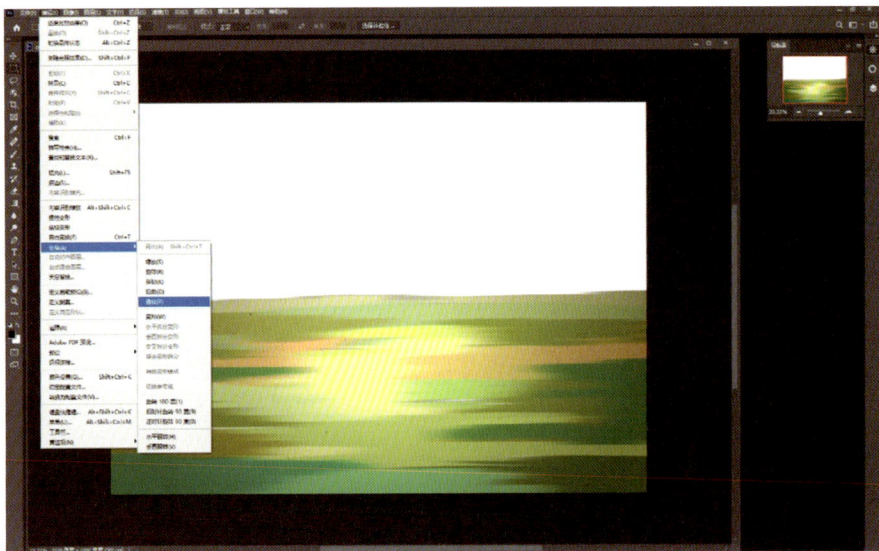

图 5-44

图 5-45

第11步，设置画笔工具。这一步需要使用比较粗的枯笔笔刷。将其设置成为涂抹工具，通过不同色块之间的涂抹，形成自然的草地边缘。在这个过程中，我们要按照草的生长方向来确定它的形态。在涂抹的时候，不能朝向一个单一的方向，而应该根据草丛一簇一簇的特点来进行涂抹（图5-48）。

第12步，涂抹完成以后，利用单一的画笔涂抹工具来涂抹出亮面和暗面上面的单个草叶。同时也应勾画出草的暗面，这样才能更加真实（图5-49）。

第13步，最后，注意草地近景部分的表现。近景不同于中景的视觉效果，我们可以采用变化比较细腻的笔法，表现出草的亮暗面的强烈对比以及尺寸大小，营造出近景的效果（图5-50）。

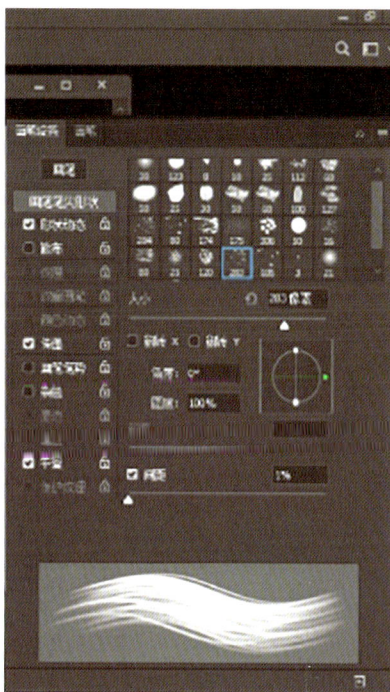

图5-46

图5-47

图 5-48

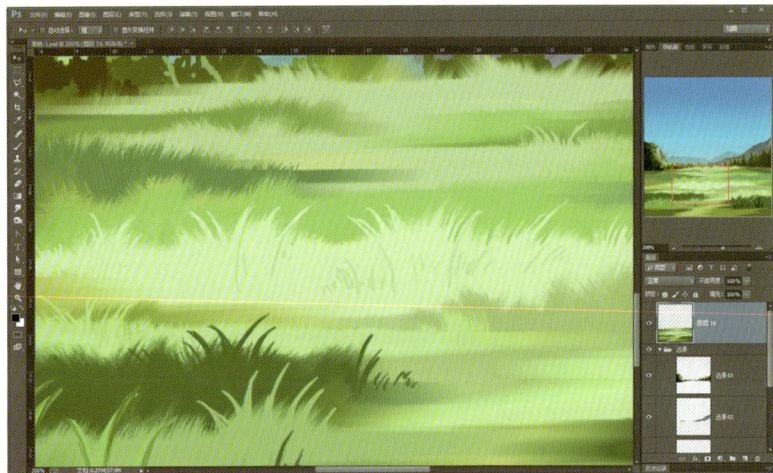

图 5-49

图 5-50

数字场景创作
流程

在这一章中，我们将通过分析学生的作品方案，结合我们前面学习的内容，了解场景方案从创意诞生到最后完成的创作过程。

首先是创作草图方案。在草图方案的初始阶段，要考虑到整个场景的平面布局、风格特点以及它的构图方式。在草图方案创作阶段，我们采取发散式的思维方式，考虑方案的多种可能性，并选择出最适合表达场景主题和内容的一种方案，尽量减少和杜绝后期绘画时带来的颠覆性的修改。

其次是作品的光影和色彩设计。根据场景描述的内容完成色彩的搭配与光影的设计。我们知道光影和色彩的设计常常会决定一个作品的时间与氛围，特别是对于后面作品细节表现，要定下主要的基调，从而才能更准确地实现整个作品的创作目标。

最后是场景的气氛表现。这个阶段需要丰富画面的细节，包括每一个物体所呈现出来的肌理效果以及画面的焦点细节。通过数字绘画突出创意方案，提升视觉效果。

案例 1：《青海秘境》（作者：肖琴）

该作品在创作的过程中，没有采用写实的绘画方式，而是采用图案化的装饰画方式。里面用到了很多手绘的表现方法，包括素描、国画晕染。画面里的景物也不是按照基本透视方法，而是一种装饰的风格来呈现。

该场景设计方案，采用抽象装饰化的视觉效果，很有视觉冲击力。在最后的细节绘画中，通过大量的肌理表现，使画面更加丰富，更有感染力（图 6-1—图 6-5）。

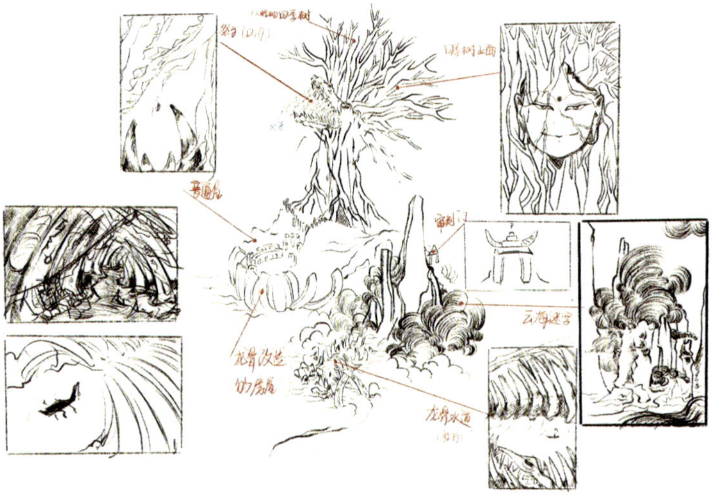

图 6-1　场景设计草图

图 6-2 设计线稿

图 6-3 场景色彩设计

图 6-4 场景气氛表现

图 6-5 画面局部

案例 2：《半夏》（作者：李会玲）

创作灵感来源于柬埔寨的塔布茏寺，故事背景在东南亚小岛上展开，岛屿上曾经的繁华与文明，在这里上演着历史的更替。古老的寺庙与树在这里紧密缠绕，筋须伸进石缝，树根爬上墙头。建筑被温柔缓慢的树根崩裂扭曲，坚硬的线条千回百转。

作品用了更为平面的方式绘制，线条的作用很大，采用了接近毛笔的质感；色彩温和浅淡，没有大面积使用对比强的颜色，追求更贴近纸张上绘画的质感（图 6-6—图 6-9）。

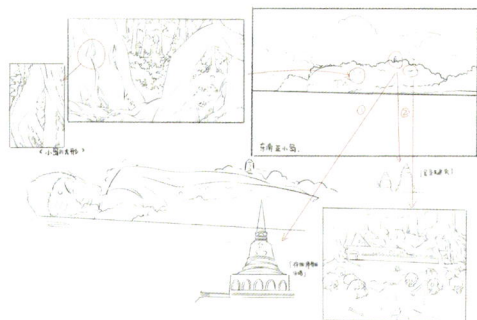

图 6-6 场景草图

图 6-7 场景色彩设计

图 6-8 场景气氛表现

图 6-9 画面局部

案例3：《城堡与飞行船》（作者：许誉曦）

　　作品采用了巴洛克时期的建筑风格，借鉴了大量的教堂建筑特色，以及一些大航海时代的船舶设计，具有古典美感。

　　飞艇设计采用飞艇与龙的结合。作品想表达身处嘈杂时代的我们，能乘坐心中那艘飞艇，如龙一般自由地翱翔在属于自己的天空中（图6-10—图6-16）。

图6-10　设计线稿

图6-11　场景色彩设计

图6-12　场景气氛表现

图6-13　设计草图

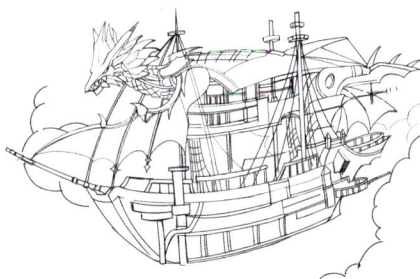

图6-14　设计线稿

图6-15　场景色彩方案

图6-16　场景气氛表现

案例 4：《客栈》（作者：苏千）

作品表现的是在群山环抱中的湖泊，湖面碧波荡漾，湖心高耸着两座山，山上有一客栈，画面美如仙境（图 6-17—图 6-20）。

图 6-17 场景设计草图

图 6-18 场景光影设计

图 6-19 场景气氛表现

图 6-20 画面细节

案例5：《白螺屋的旅行》（作者：王力笠）

作品的主题为白螺屋的旅行。故事讲述的是，白螺原本生活在海中，但它被带到了陆地，困在了一个陌生的地方。它在那里生活了很多年，直到一切变得残破不堪。很多年后有一个女人经过，带走了白螺并将它交给一个老翁改装。老翁给白螺装上了三条腿，方便行走。女人在白螺上建了一座徽派风格的楼房并住在里面，带着白螺四处旅行，他们穿过了西山、南山、中山、北山、中山，最后到达了大海。

本作品是海螺形状与一座不规则楼房的组合，看似不沾边的事物在一起也许格外合拍（图6-21—图6-24）。

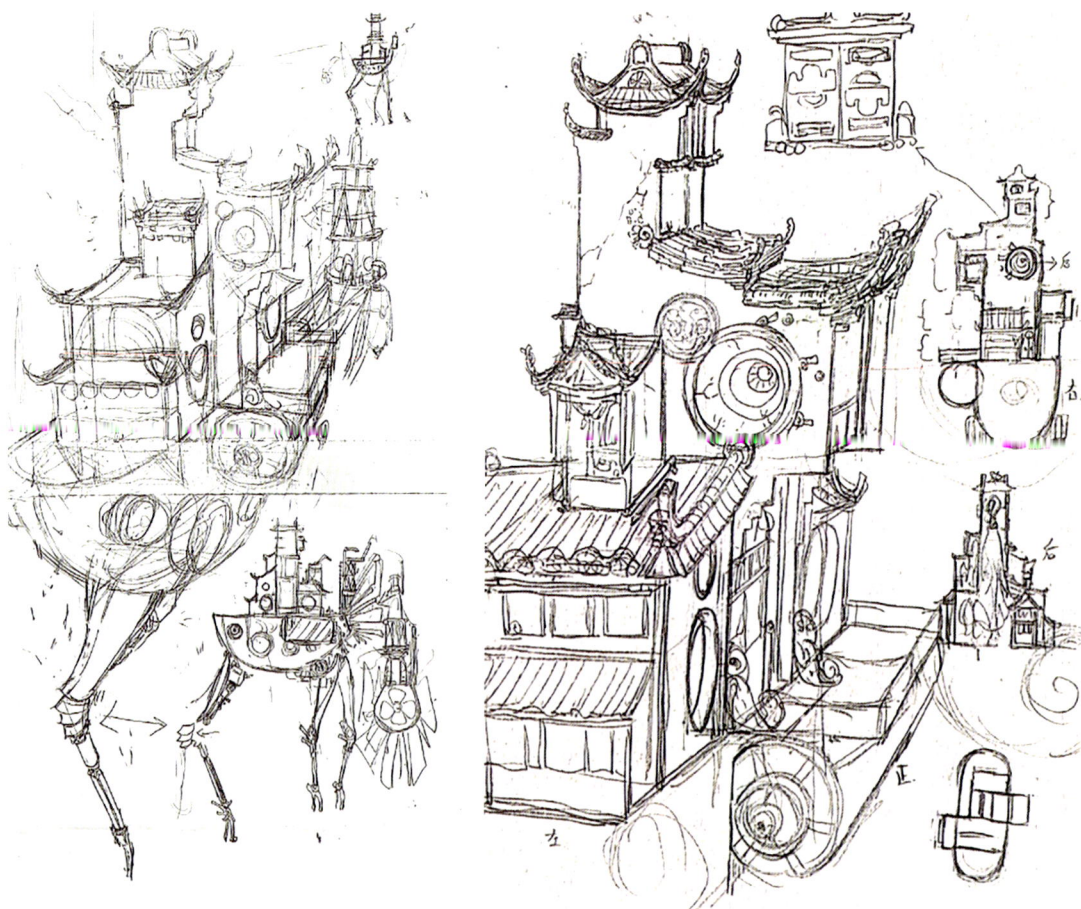

图6-21 场景设计草图

图 6-22　场景色彩设计

图 6-23　场景气氛表现

图 6-24　场景细节